普通高等院校机电工程类规划教材

# 机械工程导论

## （第2版）

崔玉洁　石　璞　化建宁　编著

清华大学出版社
北京

## 内 容 简 介

本书作为机械工程知识的入门教材,强调机械工程知识的基础性、全面性和前瞻性。教材涵盖了机械工程涉及的主要内容,在介绍基础知识的同时,突出机械工程的最新发展及理论知识在实践中的应用,使读者在学习机械工程知识的同时,感受到机械工程学科对人类社会发展与进步所起的推动作用,进而激发读者的学习热情。

本书可作为高等工科院校机械类专业导论教材,也可作为其他相关专业学生学习机械工程知识的教学用书或参考读物,还可供相关工程技术人员学习参考。

**图书在版编目(CIP)数据**

机械工程导论/崔玉洁,石璞,化建宁编著. —2版. —北京:清华大学出版社,2018(2023.7重印)
(普通高等院校机电工程类规划教材)
ISBN 978-7-302-51632-3

Ⅰ. ①机… Ⅱ. ①崔… ②石… ③化… Ⅲ. ①机械工程-高等学校-教材 Ⅳ. ①TH

中国版本图书馆 CIP 数据核字(2018)第 252461 号

责任编辑:许 龙
封面设计:傅瑞学
责任校对:王淑云
责任印制:丛怀宇

出版发行:清华大学出版社
　　　　网　　　址:http://www.tup.com.cn, http://www.wqbook.com
　　　　地　　　址:北京清华大学学研大厦 A 座　　　　　　　邮　　编:100084
　　　　社 总 机:010-83470000　　　　　　　　　　　　　邮　　购:010-62786544
　　　　投稿与读者服务:010-62776969, c-service@tup.tsinghua.edu.cn
　　　　质量反馈:010-62772015, zhiliang@tup.tsinghua.edu.cn
印 装 者:天津鑫丰华印务有限公司
经　　销:全国新华书店
开　　本:185mm×260mm　　　　印　　张:13　　　　　字　　数:317 千字
版　　次:2013 年 7 月第 1 版　2018 年 11 月第 2 版　　印　　次:2023 年 7 月第 8 次印刷
定　　价:39.80 元

产品编号:078782-03

# 第 2 版前言

考虑读者需求,本书在第 1 版的基础上,内容上作了更新和完善,增加一章列为第 4 章:机构学及工程应用。另外对整本教材的章节顺序略作调整:第 1~5 章是机械工程基础内容;第 6~8 章分别从机械设计、机械制造、机电一体化 3 个方面进行介绍。在第 5 章工程材料及其应用中对新兴材料——陶瓷材料进行了介绍;第 7 章先进制造技术中加入了绿色制造技术内容。并在对应章节增加思考题。

全书共分 8 章,主要内容包括:绪论;零件、部件和机床;力学在机械工程中的应用;机构学及工程应用;工程材料及其应用;现代机械设计方法;先进制造技术;机电一体化技术。每章开始指出本章节内容的能力培养目标,各章后安排适当习题供学生思考、练习,并加入与章节内容呼应的课外拓展资料,开阔学生视野,教材最后附有常用名词术语英汉对照表。

本次教材修订工作由崔玉洁、石璞、化建宁共同完成。在修订过程中,部分插图与内容参考了书后所列的参考文献及网上的很多资料,作者在此一并致谢!

限于作者水平,书中疏漏在所难免,恳请各位专家学者及广大读者批评指正,使本书不断得到完善。

编　者
2018 年 9 月

# 第 1 版前言

本书是普通高等工科院校机械专业本科学生机械工程知识的入门教材,也可作为其他专业学生学习机械工程知识的教学用书或参考读物。

本书以机械工程专业学生的认知结构为背景,在保持机械工程基础知识系统性的前提下,优化教学内容;充分体现教学改革的意图,改变以往教材偏难、烦琐、知识陈旧的缺点;内容上注重循序渐进,由浅入深,突出培养学生分析问题和解决问题的能力,将理论知识融入到实践训练之中,将知识点和能力要求贯穿于教材之中,从实际出发,使学生在应用中学习,注重理论和实际的紧密结合。本书内容全面,叙述简明、易懂,图文并茂,易于学生理解和掌握。

全书共分 7 章,主要内容包括:绪论;零件、部件与机床;力学在机械工程中的应用;现代机械设计方法;工程材料及其应用;先进制造技术;机电一体化技术。每章开始指出本章的能力培养目标,章后安排适当的思考题供学生思考、练习,并加入与章节内容相呼应的课外拓展资料,开阔学生视野,本书最后附有常用名词术语英汉对照表。

本书为"东北大学秦皇岛分校教材建设基金资助项目",由崔玉洁、石璞、化建宁编写。本书在编写、出版的过程中,得到了东北大学秦皇岛分校、控制工程学院以及清华大学出版社的大力支持。特别感谢东北大学秦皇岛分校校长汪晋宽教授对本书提出的宝贵意见和建议,同时感谢王雷震、王凤文、韩英华、吴朝霞、段洪君等老师对编写本书提供的支持和帮助。本书中部分插图与内容参考了书后所列的参考文献及网上的很多资料,作者在此一并致谢!

限于作者水平,书中难免有不妥之处,恳请各位专家、学者及广大读者指正。

编　者
2013 年 6 月

# 目　　录

# 第 1 章　绪　　论

**能力培养目标**：使学生了解什么是工程、什么是机械、什么是机械工程；了解机械工程的发展历史及机械工程在国民经济中的重要地位；通过机械工程的学科体系，使学生明确作为一个机械工程师应该具有的基本知识和基本技能；了解历史上对机械工程发展作出巨大贡献的著名机械工程师。开阔学生视野，激发学生对机械工程的求知欲望。

## 1.1　机械定义变迁

机械（machine），源自于希腊语之 mechine 及拉丁文 mecina，原指"巧妙的设计"。作为一般性的机械概念，可以追溯到古罗马时期。古罗马建筑师维托洛维斯在其著作《建筑十书》中给出了最早的关于机械的定义："机械就是把木材结合起来的装置，主要对于搬运重物发挥效力"，见图 1.1。

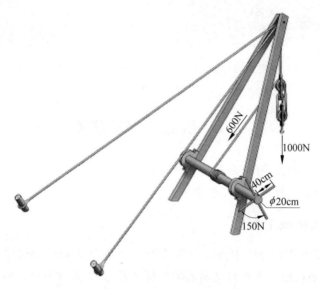

图 1.1　维托洛维斯定义的机械（起重机）

1 世纪的亚历山大里亚·希罗最早讨论了机械的基本要素，他认为机械的要素有五类：轮与轴、杠杆、滑轮、尖劈和螺纹。希罗的论述反映了古典机械的特征。

17 世纪的泽伊辛格给出的定义是"机械是在搬运重物时，起到特殊作用的一组木质结构的设备"，如图 1.2 所示为 17 世纪的省力机械。

18 世纪，德国人路易波尔多给出的机械定义是"机械是一种人为的实物组合体，人们可以借助它实现省时省力的运动"。英国机械学家威利斯在其著作《机构学原理》中的定义是："任何机械都是由用各种不同方式连接起来的一组构件组成，使其一个构件运动，其余构件将发生一定的运动，这些构件与最初运动之构件的相对运动关系取决于它们之间的连接的性质",如图 1.3 所示为 18 世纪的汲水筒。

19 世纪,鲁洛克斯在其著作中,从运动力学的角度给出了机械的定义:"机械就是一种具有一定强度的物体的组合体,且借助此组合体能够做出所规定的运动"。这个定义在很长的时间内得到了众多机械学者的认同,被看作是现今机械定义的原型。

20 世纪后,"机械"一词为机构和机器的总称。

在中国,"机械"一词是由"机"与"械"两个汉字组成。"机"原意是局部的关键;"械"原意是某一具体的器械或器具。这两个字连在一起,便构成了一般性的机械概念。

图 1.2  17 世纪的省力机械

图 1.3  18 世纪的汲水筒

## 1.2  机械工程发展史

关于机械工程发展史,在许多研究机械工程史著作中将其分为三个阶段:古代机械工程史、近代机械工程史、现代机械工程史。

### 1.2.1  古代机械工程史

古代机械工程史是 18 世纪欧洲工业革命之前人类创造和使用机械的历史。机械始于工具,工具是简单的机械。人类最初制造的工具是石刀、石斧和石锤。现代各种复杂精密的机械都是从古代简单的工具逐步发展而来的。古代由于交通不便,文化交流很少,世界上几个基本独立的文化区域,如东亚和南亚、西亚和欧洲的机械发展情况各不相同。如中国古代机械起源早,发展较快,在 13、14 世纪曾居世界前列,是独立发展的,与其他地区联系不多。

公元前 3000 年以前,人类已广泛使用石制和骨制的工具。

公元前 3500 年,古巴比伦的苏美尔已有了带轮的车,是在橇板下面装上轮子而制成的。

公元前 2686 年至公元前 2181 年,开始将牛拉的原始木犁和金属镰刀用于农业。

公元前 800 年出现滑轮。绞盘最初用在矿井中提取矿砂和从水井中提水。埃及的水钟、虹吸管、鼓风箱和活塞式唧筒等流体机械也得到初步的发展和应用。

公元前 600 年至公元 400 年,在古希腊诞生了一些著名的哲学家和科学家。他们对古代机械的发展作出了杰出的贡献。学者希罗提出关于 5 种简单机械(杠杆、尖劈、滑轮、轮与轴、螺纹)推动重物的理论。这一时期木工工具有了很大改进,除木工常用的成套工具如斧、弓形锯、弓形钻、铲和凿外,还发展了球形钻、能拔铁钉的羊角锤、伐木用的双人锯等。广泛使用的还有长轴车床和脚踏车床(见图 1.4),用来制造家具和车轮辐条。脚踏车床一直沿用到中世纪,为近代车床的发展奠定了基础。

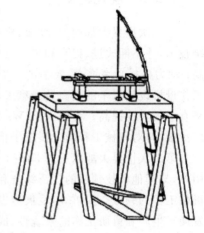

图 1.4 脚踏车床

在公元前 100 年,古希腊人在手磨的基础上制成了石轮磨。这是机械和机器方面的一个进展。齿轮系在欧洲最早的应用是装在战车的记录行车里程的里程计上。杠杆原理在机械上的应用此时已较普遍。流体机械和动力机械方面的发展是:首先扩大了提水工具和吊桶式水车的使用范围;新创造的流体机械有涡形轮和诺斯(Norse)水磨。

400—1000 年,机械技术的发展因古希腊和罗马的古典文化处于消沉而陷于长期停顿。

1000—1500 年,随着农业和手工业的发展,意、法、英等国相继兴办大学,发展自然科学和人文科学,培养人才,同时又吸取了当时中国等亚洲国家的先进科学技术,机械技术开始恢复和发展。西欧开始用煤冶炼生铁,制造了大型铸件。这个时期还出现了手摇钻,其构造表明曲柄连杆机构的原理已用于机械。加工机械方面出现了大轮盘的车床。

## 1.2.2 近代机械工程史

在 1750—1900 年这一近代历史时期内,机械工程在世界范围内出现了飞速的发展,并获得了广泛的应用。

1847 年,在英国伯明翰成立了机械工程师学会,机械工程作为工程技术的一个分支得到了正式的承认。后来在世界其他国家也陆续成立了机械工程的行业组织。

图 1.5 工业革命时期的蒸汽机

工业革命时期,纺织机械、动力机械(蒸汽机、内燃机、汽轮机和水轮机)、生产机械和机械工程理论都获得了飞跃发展。在 1873 年,电动机成为机床的动力,开始了电力取代蒸汽动力的时代,如图 1.5 所示为工业革命时期的蒸汽机。

18 世纪以前,机械匠师全凭个人经验、直觉和手艺进行机械制作,与科学几乎无关。直到 18 世纪至 19 世纪才逐渐形成围绕机械工程的基础理论。动力机械最先与科学相结合。19 世纪初,研究机械中机构的结构和运动等的机构学第一次被列为高等工程学院(巴黎的工艺学院)的课程。从 19 世纪后半期起已开始设计计算考虑材料的疲劳。随后断裂力学、实验应力分析、有限元法、数理统计、电子计算机等相继被用在设计计算中。

### 1.2.3　现代机械工程史

第二次世界大战前的40年,机械工程发展的主要特点是:继承19世纪延续下来的传统技术,并不断改进、提高和扩大其应用范围。如农业和采矿业的机械化程度有了显著的提高;动力机械功率增大,效率进一步提高,内燃机的应用普及到几乎所有的移动机械。随着工作母机设计水平的提高及新型工具材料和机械式自动化技术的发展,机械制造工艺的水平有了极大的提高。美国人F.W.泰勒首创的科学管理制度,在20世纪初开始在一些国家广泛推行,对机械工程的发展起了推动作用。

第二次世界大战以后的30年间,机械工程的发展特点是:除原有技术的改进和扩大应用外,与其他科技领域的广泛结合和相互渗透明显加深,形成了机械工程的许多新的分支,机械工程的领域空前扩大,发展速度加快。这个时期,核技术、电子技术、航空航天技术迅速发展。生产和科研工作的系统性、成套性、综合性大大增强。机器的应用几乎遍及所有的生产部门和科研部门,并深入到生活和服务部门。

进入20世纪70年代以后,机械工程与电工、电子、冶金、化学、物理和激光等技术相结合,创造了许多新工艺、新材料和新产品,使机械产品精密化、高效化和制造过程的自动化等达到了前所未有的水平。从20世纪60年代开始,计算机逐渐在机械工业的科研、设计、生产及管理中普遍应用,过去机械工程中许多不便计算和分析的工作,已能用计算机加以科学计算,为机械工程各学科向更复杂、更精密方向发展创造了条件。

## 1.3　机械工程伟大成就

### 1. 汽车

汽车改变了人类的整个交通状况,拥有汽车工业成了每一个强大工业国家的标志。汽车的发明使得人类的机动性有了很大的提高,使20世纪人类的视野更加开阔,如图1.6所示为世界上第一辆福特汽车。

图1.6　世界上第一辆福特汽车

### 2. 阿波罗登月计划

通过阿波罗登月计划,美国建立和完善了庞大的航天工业和技术体系,有力地带动和促进了一系列高新技术的快速发展:数据传输与通信、光学通信、高性能计算机、电子技术、自动控制、人工智能、遥科学、自动化加工、超高强度和耐高温材料、生物工程、医药与医学、深空测控、大推力运载火箭等。通过阿波罗登月计划(见图 1.7)，为系统工程管理提供了可供借鉴的典范。据不完全统计，从阿波罗计划派生出了大约 3000 种应用技术成果。这些应用技术取得了巨大的效益——在登月计划中每投入 1 美元，就可获得 4～5 美元的产出。阿波罗的先进技术和深远文化影响了整个 20 世纪。

**3. 发电**

丰富和廉价的能源是经济发展和社会繁荣的重要因素。电能改善了生活，提高了生活水平。20 世纪经济和社会的重大变革，是因为电进入了家庭、工厂和商业。发电在电力工业中处于中心地位，决定着电力工业的规模，也影响到电力系统中输电、变电、配电等各个环节的发展，如图 1.8 所示为火力发电。机械工程发展使得电能输送更容易，使用更方便。

图 1.7　阿波罗登月

图 1.8　火力发电

**4. 农业机械化**

以美国为例。美国是农业机械化程度最高的国家之一。地多人少和丰富的自然资源，给美国的农业发展提供了得天独厚的条件，加上美国政府对农业一直采取支持和保护政策，使农业成为美国在世界上最具有竞争力的产业。美国国土面积 940 万 $km^2$，而农业人口只有 500 多万，耕地有 28 亿亩。美国的农业生产组织形式以农场为主，平均每个农场主耕种土地达 600 英亩。美国农业的社会化程度极高，农场的耕作、播种、施肥、喷药、灌溉、收获、加工等，可以自己动手，也可以请服务公司全过程代办。

　　当前美国已经进入全盘机械化、自动化阶段,不但农田作物生产及收获已全部机械化,一些难度大的行业与作业也实现了机械化。美国的农业基本上以大面积的农场和牧场为主,农业人口很少,只占总人口的2‰左右。这些美国农民,养活了2.9亿美国人,还使美国成为世界最大的农产品出口国。美国是世界农业劳动生产率最高的国家,主要农产品如小麦、玉米、大豆、棉花、肉类等产品产量都居世界第一位,如图1.9所示为联合收割机。

图1.9　联合收割机(康拜因)

### 5. 飞机

　　自从飞机发明以后,已日益成为现代文明不可缺少的运载工具,它深刻地改变和影响着人们的生活。飞机的发明也使航空运输业得到了空前发展。由于发明了飞机,人类环球旅行的时间大大缩短了。

　　世界上第一次环球旅行是16世纪完成的。葡萄牙人麦哲伦率领一支船队从西班牙出发,足足用3年时间,才穿越大西洋、太平洋,环绕地球一周,回到西班牙。19世纪末,一个法国人乘火车环球旅行一周,花费了43天的时间。飞机发明以后,人们在1949年又进行了一次环球旅行。一架B-50型飞机,经过4次空中加油,仅用94个小时,便绕地球一周,飞行37 700km。超音速飞机问世以后,人们飞得更高更快。1979年,英国人普斯贝特只用14个小时零6分钟,就飞行36 900km,环绕地球一周。

　　飞机在现代战争中的作用惊人,不仅可以用于侦察、轰炸,而且在预警、反潜、扫雷等方面也极为出色,如图1.10所示为F-22战斗机。

图1.10　F-22战斗机

飞机研究和发展的每一个阶段都有机械工程的巨大贡献,如推进装置中的高压压气机叶片、主燃烧室中的耐高温合金等。

**6. 制冷**

将物质的温度降低到大气温度以下的操作称为制冷。对物体进行冷冻或者冷却,使得物体温度下降的机械称为冷冻机。通常使用的压缩式制冷机的工作原理是通过压缩容易液化的制冷剂,使压缩能转变为热量散发掉,然后液化的制冷剂在一定的环境下汽化,从周围环境吸收汽化热而制冷。现在,制冷技术几乎已经渗透到各个生产技术、科学研究领域,并在改善人类的生活质量方面发挥着巨大作用。生活中,制冷广泛用于食品冷加工、冷贮藏、冷藏运输,舒适性空气调节,如图 1.11 所示为汽车空调原理图,体育运动中制造人工冰场等;工业生产中,为生产环境提供必要的恒温恒湿环境,对材料进行低温处理,利用低温进行零件间的过盈配合等;制冷技术还在尖端科学领域如微电子技术、新型材料、宇宙开发、生物技术的研究和开发中起着举足轻重的作用。所以说,现代技术进步是伴随着制冷技术发展起来的。

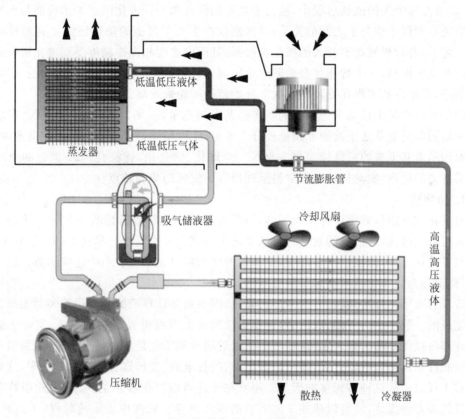

图 1.11　汽车空调原理图

按照冷却目的和冷量利用方式的不同,制冷装置大体可分为冷藏用制冷装置(冰箱、冷库等)、试验用制冷装置、生产用制冷装置(干冰装置、制冰装置等)和空调用制冷装置四类。

# 1.4　机械工程发展趋势

机械工程以增加生产、提高劳动生产率、提高生产的经济性为目标来研制和发展新的机械产品。在未来的时代,新产品的研制将以降低资源消耗,发展洁净的再生能源,治理、减轻以至消除环境污染作为超经济的目标任务。机械可以完成人用双手和双目,以及双足、双耳直接完成和不能直接完成的工作,而且完成得更快、更好。现代机械工程创造出越来越精巧和越来越复杂的机械和机械装置,使过去的许多幻想成为现实。

人类现在已能上游天空和宇宙,下潜大洋深层,远窥百亿光年,近察细胞和分子。新兴的电子计算机硬、软件科学使人类开始有了加强并部分代替人脑的科技手段,这就是人工智能。这一新的发展已经显示出巨大的影响,而在未来年代它还将不断地创造出人们无法想象的奇迹。人类智慧的增长并不减少双手的作用,相反地却要求手做更多、更精巧、更复杂的工作,从而更促进手的功能。手的实践反过来又促进人脑的智慧。在人类的整个进化过程中,以及在每个人的成长过程中,脑与手是互相促进和平行进化的。人工智能与机械工程之间的关系近似于脑与手之间的关系,其区别仅在于人工智能的硬件还需要利用机械制造出来。过去,各种机械离不开人的操作和控制,其反应速度和操作精度受到进化很慢的人脑和神经系统的限制,人工智能将会消除这个限制。计算机科学与机械工程之间的互相促进,平行前进,将使机械工程在更高的层次上开始新的一轮大发展。

围绕着以满足个性需求为宗旨的新产品开发与竞争,一场以大制造、全过程、多学科为特征的新的制造业革命正波澜壮阔地展开。这是21世纪知识经济新时代下制造业的趋势,同时也预示着其未来的可持续发展方向——全球化、信息化、智能化。21世纪的全球变化与人类社会的进步,驱动机械工程学科呈现出以下发展趋势和特点。

**1. 数字化**

数字化就是指以数字计算机为工具,科学地处理机械制造信息的一种行为状态。当今时代是信息化时代,而信息的数字化也越来越为研究人员所重视。早在20世纪40年代,香农证明了采样定理,即在一定条件下,用离散的序列可以完全代表一个连续函数。就实质而言,采样定理为数字化技术奠定了重要基础。

若没有数字化技术,就没有当今的计算机,因为数字计算机的一切运算和功能都是用数字来完成的。数字、文字、图像、语音,包括虚拟现实及可视世界的各种信息,实际上通过采样定理都可以用0和1来表示,这样数字化以后的0和1就是各种信息最基本、最简单的表示。因此计算机不仅可以计算,还可以发出声音、打电话、发传真、放录像、看电影,这就是因为0和1可以表示这种多媒体的形象。用0和1还可以产生虚拟的房子,因此用数字媒体就可以代表各种媒体,就可以描述千差万别的现实世界。软件中的系统软件、工具软件、应用软件等,信号处理技术中的数字滤波、编码、加密、解压缩等都是基于数字化实现的。数字化技术还正在引发一场范围广泛的产品革命,各种家用电器设备,信息处理设备都将向数字化方向变化。有人把信息社会的经济说成是数字经济,这足以证明数字化对社会的影响有多么重大。

我国在数字化制造技术和数字化制造装备方面具有一定的研究基础并取得很大进展,如图1.12所示为数控机床。近年来,我国政府启动了一批重大项目和重点项目,针对先进制造技术、重大装备等前沿领域开展专项研究。这些计划的实施为数字制造的研究积累了较好的基础。但是,目前在数字装备和数字制造的基础科学技术问题方面缺乏系统深入的多学科交叉研究。

图 1.12 数控机床

**2. 智能化**

21 世纪,基于知识的产品设计、制造和管理将成为知识经济的重要组成部分,是制造科学和技术最重要的最基本的特征之一。智能化正是在这一背景下提出并得到了学术界和工业界的广泛关注。智能制造是美国首先提出的。它的特征是:在制造工业的各个环节以高度柔性与高度集成的方式,通过计算机和模拟人类专家的智能活动,进行分析、判断、推理、构思和决策,旨在取代或延伸制造环境中人的部分脑力劳动,并对人类专家的制造智能进行收集、存储、完善、共享、继承与发展。智能制造的目的是:通过集成知识工程、制造软件系统、机器人视觉和机器人控制来对制造工人的技能与人类专家知识进行建模,以使智能机器能够在没有人干预的情况下进行小批量生产。智能制造技术的主要研究内容包括:

(1) 智能制造理论及系统设计技术;

(2) 智能设计理论、方法及系统;

(3) 智能机器人及智能机械;

(4) 智能调度;

(5) 智能加工、智能检测与控制。

20 世纪 80 年代末我国将"智能模拟"列入国家科技发展规划的主要课题,已在专家系统、模式识别、机器人方面取得了一批成果。此后,科技部正式提出"工业智能工程",智能制造是该项工程中的重要内容。1993 年,中国国家自然科学基金会重点项目"智能制造技术基础的研究"获准设立,1994 年开始实施,由华中科技大学、南京航空航天大学、西安交通大学和清华大学联合承担。研究内容为智能制造基础理论、智能化单元技术、智能机器等。至今,已取得了可喜的研究成果。国际合作业已展开,如中、日、韩三方在智能机器人领域开展共同合作研究。

**3. 精密化**

机械工程的精密化是沿着两个方向展开的,即从加工源头(毛坯)着力的精密成形技术和针对毛坯的精密、超精密加工技术。我国机械工程的精密制造技术发展很快,创新能力得到了提高,已经拥有一批具有自主知识产权的成果。主要包括轻金属精密成形制造技术;优质、高效精密成形制造技术;激光加工成形制造技术;高效精密加工制造技术;超精密加工技术。

**4. 微型化**

微纳制造主要指微米纳米尺度的制造和宏观尺度构件的纳米或亚纳米精度的制造。我国关于微纳制造的研究起源于 20 世纪 80 年代后期。近年来,我国在超光滑表面制造方面实现了粗糙度<0.1nm 的表面制造;纳米压印方面成功地制造出特征尺寸小于 80nm 的线路;在 MEMS(micro-electro-mechanical systems)方面取得的进展包括:微构件机械性能研究;微纳摩擦磨损及黏附行为研究;典型微流体器件输运特性研究;拓扑优化技术在微纳结构设计中的应用研究;微传热学的研究,如图 1.13 所示为微型飞行器。

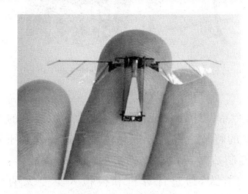

图 1.13　微型飞行器

**5. 生命化**

当前,生命化主要体现于生物制造。1998 年由美国国家科学研究委员会工程技术委员会、制造与工程设计院组建了 21 世纪制造业挑战展望委员会,其主席 J. Bollinger 博士在《2020 年制造业挑战的展望》中提出了生物制造的概念,并将设计生物技术的制造产业归纳为广义的生物制造:①工程设计中仿生结构的应用;②生物作用过程进行零件成形和装配;③计算机记忆功能的生物型装置等。我国很早就进入生物制造领域,短短几年间,我国就推出一批技术先进、应用前景甚好的研究成果,部分成果已进入产业化进程,主要包括人工假体的生物制造和人体器官的生物制造。

**6. 生态化**

生态化主要体现于绿色制造。绿色制造是指在保证产品的功能、质量、成本的前提下,综合考虑环境影响和资源效率的现代制造模式。借助各种先进技术对制造模式、制造资源、制造工艺、制造组织等进行不断的创新,其目标是使得产品从设计、制造、包装、运输、使用到报废及回收处理的整个生命周期中不产生环境污染或环境污染最小化,资源利用率最高,能源消耗最低,最终实现企业经济效益与社会效益的协调优化。总地来说,绿色制造涉及的问题领域包括三部分:①制造和回收过程的清洁化问题,包括产品生命周期中正向和逆向的全过程;②使用中的环境影响问题;③资源和能源问题,如图 1.14 和图 1.15 所示分别为全生物降解磁粒和全生物降解直尺。

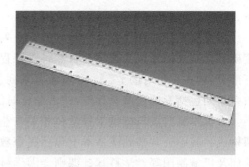

图 1.14　全生物降解磁粒　　　　　　　　图 1.15　全生物降解直尺

## 1.5　机械工程学科及相关课程体系

机械工程学科以自然科学为基础,研究机械系统与制造过程的结构组成、能量传递与转换、构件与产品的几何与物理演变、系统与过程的调控、功能形成与运行可靠性等,并以此为基础构造机械与制造工程中共性和核心技术的基本原理和方法。机械工程学科是联结自然科学与工程行为的桥梁。它主要包括机械设计及理论、机械制造及自动化、机械电子工程和车辆工程学科。

机械设计及理论是对机械进行功能综合并定量描述及控制其性能的基础技术学科。它的主要任务是把各种知识、信息注入设计中,加工成机械制造系统能接受的信息并输入机械信息系统。机械设计及理论学科主要研究各种机械、机构及其零件的工作原理、运动和动力学性能、强度与寿命、振动与噪声、摩擦、摩擦物理学、关系力学、磨损与润滑、机械创新与设计以及现代设计计算方法等课题。

机械制造及其自动化是一门研究机械制造理论、制造技术、自动化制造系统和先进制造模式的学科。该学科融合了各相关学科的最新发展,使制造技术、制造系统和制造模式呈现出全新的面貌。机械制造及其自动化目标很明确,就是将机械设备与自动化通过计算机的方式结合起来,形成一系列先进的制造技术,包括 CAD(计算机辅助设计)、CAM(计算机辅助制造)、FMS(柔性制造系统)等,最终形成大规模计算机集成制造系统(CIMS),使传统的机械加工得到质的飞跃。具体在工业中的应用包括数控机床、加工中心等。

机械电子工程是 20 世纪 70 年代由日本提出来的用于描述机械工程和电子工程有机结合的一个术语。机械电子工程学科已经发展成为一门集机械、电子、控制、信息、计算机技术为一体的工程技术学科。该学科涉及的技术是现代机械工业最主要的基础技术和核心技术之一,是衡量一个国家机械装备发展水平的重要标志。机械电子工程的本质是机械与电子技术的规划应用和有效的结合,以构成一个最优的产品或系统。机械电子方法在工程设计应用中的基础是信息处理和控制。

车辆工程是研究汽车、拖拉机、机车车辆、军用车辆及其他工程车辆等陆上移动机械的理论、设计及制造技术的工程技术领域。根据行业特征,本领域的覆盖面为:汽车、拖拉机设计与制造、军用车辆设计与制造、机车车辆设计与制造、工程车辆设计与制造、能源动力等。根据工程技术人员的工作性质,领域范围可分为:车辆的研究、开发;车辆的制造、加工;车辆的性能检测、试验、分析;车辆的使用、管理、保养、维修;与生产检测车辆有关的设备、检测仪器的开发等。

机械类专业的课程体系由基础教育系列、专业教育系列和工程教育系列三大系列构成。基础教育系列课程包括数学与自然科学课程群、工程技术基础课程群、人文社会科学课程群三部分,约占总学时的70%;专业教育系列包括专业平台课程群,约占总学时的25%;工程教育系列包括专题选修课程群,约占总学时的5%。

大学本科阶段与机械工程学科相关专业的课程都是由公共基础课、学科基础课和专业课构成。其中公共基础课基本上包括高等数学、大学物理、大学化学、英语、线性代数、画法几何及机械制图等。学科基础课则会因学科的不同略有不同。比如机械工程及自动化专业的学科基础课一般包括理论力学、材料力学、电工与电子技术、机械工程材料、互换性与测量技术基础、成形技术基础、机械原理、机械控制工程基础、机械设计、微机原理与应用、测试基础、机械制造技术基础等。而机械电子工程专业的学科基础课一般包括理论力学、材料力学、电工原理、模拟电子技术、数字电子技术、机械工程材料、互换性与测量技术基础、机械原理、机械设计、自动控制理论与实验、微机原理与接口技术、工程光学、检测技术与信号处理、机械设备数控基础、液压与气动传动技术等。专业课程则会由于专业的不同差别更大些。比如机械工程及自动化专业的专业课程一般包括机械设备数控技术、快速成形技术、网络制造信息系统、功能材料、成形工艺与模具设计、机械制造自动线设计、机器人学、CAD/CAM等。而机械电子工程专业的专业课程一般包括机电传动控制、机电系统安装与调试、机电一体化生产系统设计、电子线路CAD、控制系统抗干扰设计、虚拟仪器、计算机控制系统、机器人学、机械振动、机械噪声及控制、自动化机械设计等。

机械工程内容涉及的领域非常广泛,所需要掌握的知识非常多,所涉及的交叉学科也比较多。如图1.16所示为机械工程相关专业的课程体系。

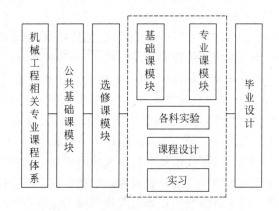

图1.16 机械工程相关专业课程体系

# 思 考 题

1.1 机械工程的定义是什么?

1.2 机械工程应用的领域有哪些?

1.3 机械工程伟大成就主要体现在哪些方面?

# 拓 展 资 料

## 著名机械工程师简介

### 1. 列奥纳多·达·芬奇

列奥纳多·达·芬奇(Leonardo Di Ser Piero Da Vinci,1452—1519),意大利文艺复兴中期的著名美术家、科学家和工程师,1452 年 4 月 15 日生于托斯卡纳的芬奇附近。他在少年时已显露艺术天赋,15 岁左右到佛罗伦萨拜师学艺,成长为具有科学素养的画家、雕刻家、军事工程师和建筑师。他是一位艺术家,又是科学家,这位奇才对各个领域的知识几乎是无师自通,是人类历史上绝无仅有的全才。他最大的成就是绘画,他的杰作《蒙娜丽莎》《抱着银鼠的女人》《卢克雷齐亚·克里韦利》《最后的晚餐》,体现了他精湛的艺术造诣。

达·芬奇对机械世界痴迷不已。水下呼吸装置、拉动装置、发条传动装置、滚珠装置、反向螺旋、差动螺旋、风速计和陀螺仪……达·芬奇将他无数的奇思妙想呈现在世人面前。

1460 年达·芬奇随父亲来到佛罗伦萨,开始了他的学徒生涯,同时开始学画。学画的达·芬奇参与安装佛罗伦萨圣母玛丽亚大教堂穹顶灯塔上的巨型铜球,由此接触并感受到了各式各样机械系统的神奇。佛罗伦萨圣母玛丽亚大教堂是文艺复兴建筑的开端。达·芬奇在安装穹顶灯塔上的巨型铜球时,目睹了三速提升机等机械装置的效率,深感其中的神奇。

由此,布鲁内莱斯基的机械系统设计理念对达·芬奇产生了很大影响。当时一批锡耶纳工程师对达·芬奇的科学世界也产生了重要影响。锡耶纳的工程师们设计了一种外形像船的河道淤泥挖掘机,用来清除浅水口的沙砾和淤泥,还有一种能够提高装载量又加快行驶速度的桨叶船。这些锡耶纳工程师的发明,让达·芬奇对机械的魔力产生了巨大的兴趣。

达·芬奇还设计出初级人形机器人。达·芬奇赋予了这个机器人木头、皮革和金属的外壳,而如何让机器人动起来,才是让达·芬奇大伤脑筋的。他想到了用下部的齿轮作为驱动装置,由此通过两个机械杆的齿轮再与胸部的一个圆盘齿轮啮合,机器人的胳膊就可以挥舞,可以坐或者站立。更绝的是,再通过一个传动杆与头部相连,头部就可以转动甚至开合下颌。

达·芬奇对汽车也有研究。很早,达·芬奇就对当时的四轮马车不满。在他的科学世界中,早就有了汽车的影子。事实上,点燃现代汽车发明灵感之火的正是这辆"达·芬奇汽车"。既然是汽车就要考虑动力问题,达·芬奇在汽车中部安装了两根弹簧以解决这个问题。人力转动车的后轮使得各个齿轮相互啮合,弹簧绷紧就产生了力,再通过杠杆作用将力传递到轮子上。

那么怎么控制车速呢?达·芬奇也想到了。他在车身上安装了一个圆盘装置,圆盘表面设置了很多方形的木块,和每个轮子连接的铁杆的另一端与圆盘相接,这就是用于控制车速的装置。圆盘上放置的木块数量越多,与铁杆之间的摩擦就会越大,阻力也越大,轮子的运转速度越慢,行驶的距离越长。

当然,达·芬奇也想到了刹车装置。位于齿轮之间有一个木块,拉动绳索将木块卡在齿轮之间,车就可以停止。不过,这辆汽车不能载人,因为仅靠弹簧的动力根本无法行驶很长的距离。

同时,达·芬奇还将弹簧巧妙地运用在了钟表设计上。后来大型钟表采用的原理,就是出自达·芬奇的设想。只是在这个设想中,弹簧的弹力被物体的重力所代替,物体向下的重力通过众多齿轮啮合作用被均匀传递,钟表便得以保持匀速运动。

此外,乐器、闹钟、自行车、照相机、温度计、烤肉机、纺织机、起重机、挖掘机……达·芬奇曾有过无数的发明设计,而这些发明设计在当时如果发表,足足可以让我们的世界科学文明进程提前 100 年。

### 2. 卡尔·本茨

卡尔·本茨(Karl Benz,1844—1929),德国著名的戴姆勒-奔驰汽车公司的创始人之一,现代汽车工业的先驱者之一,人称"汽车之父""汽车鼻祖"。

1844 年,本茨(见图 1.17)出生于德国,从中学时期,本茨就对自然科学产生了浓厚的兴趣,1860 年进入卡尔斯鲁厄综合科技学校学习。在这所学校,他较为系统地学习了机械构造、机械原理、发动机制造、机械制造经济核算等课程,为他日后的发展打下了良好基础。在经历过学徒工、服兵役、娶妻生子等人生经历后,他于 1872 年组建了"奔驰铁器铸造公司"和"机械工厂",专门生产建筑材料。由于当时建筑业不景气,本茨工场经营困难,面临倒闭危险,万般无奈之际,他决定制造发动机获取高额利润以摆脱困境。于是,他拿到了生产奥托四冲程煤气发动机的营业执照,经过一年多的设计与试制,于 1879 年 12 月 31 日制造出第一台单缸煤气发动机。不过,

图 1.17　卡尔·本茨

这台发动机并没有使本茨摆脱经济困境,他依然面临着破产的危险,生活十分艰苦。但是,清贫的生活并没有改变本茨投身发动机研究的决心,经过多年努力,他终于研制成单缸汽油发动机,取得了世界上第一个"汽车制造专利权"。

1885 年他设计和制造了世界上第一辆能实际应用的内燃机发动的汽车,有 3 个轮子,现保存在慕尼黑博物馆内。1893 年制造出第一辆 4 轮汽车,1899 年制造出第一辆赛车,1906 年本茨和他的两个儿子在拉登堡成立了本茨父子公司,奔驰汽车成为世界著名品牌,1926 年本茨公司和戴姆勒汽车公司合并。

### 3. 亨利·福特

亨利·福特(Henry Ford,1863—1947),美国汽车工程师与企业家,福特汽车公司的建立者。他也是世界上第一位将装配线概念实际应用而获得巨大成功者,并且以这种方式让汽车在美国真正普及化。这种新的生产方式使汽车成为一种大众产品,它不但革命了工业生产方式,而且对现代社会和文化起了巨大的影响,因此有一些社会理论学家将这一段经济和社会历史称为"福特主义"。

图 1.18　亨利·福特

福特(见图 1.18)少年时家境贫寒,1879 年去底特律学徒,做过多年的钟表和汽车修理工。1893 年制成双缸汽油机卡车,同年,被聘为爱迪生照明公司的总工程师。1899 年福特组建底特律汽车公司。一年后,公司破产,开始试制竞赛汽车,并在 1901 年 10 月的竞赛中以时速 63km 取胜。1903 年他又建立福特汽车公司,1903—1907 年先后生产 A、C、N 和 R 型汽车。1906 年福特取得公司的大部分股份并任经理。为在竞争中取胜,他以降低成本为原则,全面

推行标准化、专业化和生产协作等生产组织方法和管理措施,并采用当时最先进的技术,如化油器、行星齿轮传动机构、合金钢结构和励磁点火装置等,制成 4 缸 20 马力的 T 型汽车,这种汽车因性能优良,安全可靠,成本低廉,受到顾客欢迎。他先后采用泰勒制管理办法并于 1913 年建立了汽车装配流水线,使汽车价格降低,销售量剧增。至 1927 年共售出 1500 万辆,控制了美国和世界汽车市场。1928 年,对 T 型汽车进行改型,又生产具有安全玻璃、四轮制动和液压减振装置的新 A 型汽车。福特开创的标准化、专业化生产协作和大量生产管理经验,对 20 世纪早期的世界工业发展产生了重大影响。

### 4. 狄塞尔

狄塞尔(Diesel,1858—1913),柴油机的发明人。1858 年 3 月 18 日生于巴黎,父母是德国人,童年时期在巴黎受教育,后获得奖学金进入慕尼黑技术大学学习,毕业后于 1879 年在瑞士的苏尔泽兄弟公司工作,两年后回到巴黎,成为一个国际冷冻公司的工程师和推销员。狄塞尔(见图 1.19)于 1885 年开始研究动力机器,他用压缩空气的高温直接在汽缸中点燃燃料,并于 1892 年获得了这种机器的专利,同年制造了第一种试验机,即原始的柴油机。1893 年第一次试验时,压力达到了 80 大气压,为当时人类第一次记录下来的最高压力,但是立刻发生了爆炸。经过第一次失败后,狄塞尔改进机器并在 1894 年继续试验。这次试验运转了一分钟,证明这种原动机有强大的发展潜力。1896

图 1.19　狄塞尔

年柴油机试验成功。1897 年狄塞尔完善了他的发明。1898 年狄塞尔的柴油机获得了商业上的成功。他对 1892 年的专利作了很大修改,把烧煤粉改为烧液体燃料,把无冷却改为用水冷却,把定温加热改为定压加热。1904 年和 1912 年他两次到美国。第一次世界大战时,他的柴油机成为各国潜艇的主要动力。1913 年他去英国途中于 9 月 30 日乘船横渡英吉利海峡时失踪,人们猜测他死于海中。

### 5. 帕森斯

帕森斯(Chavles Algornon Parsons,1854—1931),英国汽轮机发明家。1854 年 6 月 13 日生于伦敦,1931 年 2 月 11 日逝世于牙买加的金斯顿。帕森斯(见图 1.20)毕业于剑桥大学,并取得数学荣誉学位。曾任英国供电和工程公司的指导。1898 年当选为英国皇家学会会员,1905—1906 年任航海工程师协会主席。1919—1920 年任英国科学促进协会主席。1877 年,帕森斯根据水轮机原理,开始设计汽轮机。他利用高压蒸汽流沿轴向通过一系列透平叶片,使叶片高速旋转而将动能转化为机械功的原理,研制成多级反动式汽轮机,与他

制造的高速发电机配套,并于 1884 年取得轴流式多级反动式汽轮机的专利权。他在汽轮机中采用浮动轴承和螺旋泵供润滑油。他的汽轮机发电机组转速高达 18 000r/min,电压 100V,功率为 7.5kW,使蒸汽动力和发电设备发生了革命性的变化。1888 年为纽卡斯尔发电站制成可用于发电 75kW 的汽轮机。1891 年他在汽轮机上装置凝汽器,大大提高了汽轮机的热效率,降低了燃料消耗率。1894 年成立帕森斯航海用蒸汽涡轮公司。他制造的发电 1500kW 的汽轮机发电机组驱动的"透平尼亚"号战舰,在 1897 年举行的战舰比赛中,以创纪录的 34.5 节/时(约 64km/h)速度和良好的机动

图 1.20　帕森斯

性,取得优胜,引起很大震动,从而开创了用汽轮机推进船舶的新时期。帕森斯于1910年又研制成齿轮减速器。

**6. 威斯汀豪斯**

威斯汀豪斯(Westinghouse,1846—1914),美国发明家和企业家。1846年10月6日生于纽约。1914年3月12日去世。威斯汀豪斯(见图1.21)于1890年在美国取得哲学博士学位,1906年又在柏林皇家高等技术学校取得博士学位。他早期曾在他父亲的农业机械厂工作。1868年因发明空气制动器而闻名,1869年成立威斯汀豪斯空气制动器公司。此后,气动装置开始用于控制道岔和信号系统。1885年后,威斯汀豪斯在电灯和电力系统中引进交流输电和配电,资助N.泰斯拉发展交流感应电动机,为机械的电气化和纽约地下铁路创造了条件。他曾设计天然气远距离管道运输和控制系统,使家庭和工厂应用天然气得以实现。1890年前后,威斯汀豪斯在和T.A.爱迪生关于交直流输电上的论战中取胜,这对交流电在美国广泛应用和他的公司承建尼亚加拉大瀑布发电站有重大影响。

图1.21　威斯汀豪斯

**7. 詹姆斯·瓦特**

詹姆斯·瓦特(James Watt,1736—1819),英国著名的发明家,是工业革命时的重要人物。童年时代的瓦特(见图1.22)曾在文法学校念过书,然而没有受过系统教育。瓦特在父亲做工的工厂里学到许多机械制造知识,以后他到伦敦的一家钟表店当学徒。1763年瓦特到格拉斯大学工作,修理教学仪器。在大学里他经常和教授讨论理论和技术问题。1776年制造出第一台有实用价值的蒸汽机。以后又经过一系列重大改进,使之成为"万能的原动机",在工业上得到广泛应用。1781年瓦特制造了从两边推动活塞的双动蒸汽机。1785年,他也因蒸汽机改进的重大贡献,被选为皇家学会会员。1819年8月25日瓦特在靠近伯明翰的希斯菲德逝世。是他开辟了人类利用能源新时代,标志着工业革命的开始。后人为了纪念这位伟大的发明家,把功率的单位定为"瓦特"。

图1.22　詹姆斯·瓦特

# 第2章 零件、部件与机床

**能力培养目标**：通过图文并茂的形式，使学生对组成机械的基本零件、部件有一个初步的认识。了解每种零件、部件的名称、特点及应用场合。使学生认识各种机床，知道机床才是加工机器的机器——工作母机。通过具体的机械零件和机器，使学生对机械有直观的认识。

机器是机械的具体化。机械工程师常选用轴、轴承、带和链、减速器、离合器和电机转子等零件和部件作为机器的组成要素。在本章中将介绍典型零件、部件和机床。

## 2.1 零　　件

零件是组成机械的基本单元，正式名称是机械零件，简称为零件。零件按照应用范围分为两个大类：通用零件和专用零件。通用零件在各种机械中都有可能用到；专用零件仅仅适用于一定类型的机械。

### 1. 滚动轴承

滚动轴承用于支撑轴及轴上零件，保证轴的旋转精度，减少轴与孔之间的相对摩擦和磨损。典型的滚动轴承结构包括四个部分：外圈、内圈、滚动体和保持架。

轴安装在轴承的内圈中，依靠很大的摩擦力带动内圈一起转动；轴承的外圈与轴承座孔固定在一起。轴承工作时，内外圈通过滚动体的滚动实现相对转动。保持架将滚动体隔开，避免滚动体之间的碰撞、摩擦和磨损。滚动轴承摩擦系数小，润滑和维护方便，规格标准化，在机械工程中广泛应用，如自行车后轮、电机转轴、汽车变速箱、洗衣机脱水桶等。

按照滚动体的形状和受力特点，滚动轴承有如下类型：向心球轴承、角接触轴承、圆柱滚子轴承、圆锥滚子轴承、推力球轴承、滚针轴承和组合轴承等。

（1）向心球轴承

图 2.1 所示是向心球轴承的结构示意图，其组成包括内圈、外圈、滚动体和保持架。向心球轴承的结构特点决定了其既能够承受径向力又能够承受双向轴向力。

（2）角接触球轴承

图 2.2 所示是角接触球轴承。角接触球轴承的外、内圈，一边略厚，一边略薄。略厚的一边称为"背"，略薄的一边称为"面"。角接触球轴承的结构特点决定了其既能够承受径向力又能够承受单向轴向力。角接触球轴承能够承受的轴向力较向心球轴承大。接触角越大，能够承受的轴向力越大。

（3）圆柱滚子轴承

图 2.3 所示是圆柱滚子轴承。圆柱滚子轴承组成包括外圈、内圈、保持架和圆柱滚动体。圆柱滚子轴承只能承受径向力，不能承受轴向力。承受径向力较同尺寸的球轴承大，尤其能够承受较大冲击力。

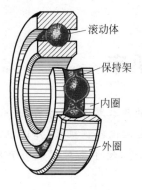

图 2.1　向心球轴承图

图 2.2　角接触球轴承

图 2.3　圆柱滚子轴承

（4）圆锥滚子轴承

图 2.4 所示是圆锥滚子轴承。圆锥滚子轴承组成包括外圈、内圈、保持架和圆锥滚动体。圆锥滚子轴承能承受较大的径向力和轴向力。

（5）平面推力球轴承

图 2.5 所示是平面推力球轴承。平面推力球轴承只能承受单向轴向力,适用于轴向力较大而转速较低的场合。

（6）组合轴承

一套轴承内同时由上述两种轴承结构形式组合而成的滚动轴承,称为组合轴承。如滚针和推力圆柱滚子组合轴承、滚针和推力球组合轴承等,图 2.6 所示是二列圆柱滚子组合轴承。

图 2.4　圆锥滚子轴承

图 2.5　平面推力球轴承

图 2.6　二列圆柱滚子组合轴承

**2. 紧固件**

螺栓为附有螺纹的圆柱杆状带头对象,一端带有螺纹的圆柱部分称为螺柱,用于与螺母配合,另一端为头部,称为螺栓头。螺栓通常由金属制成,在电绝缘或防腐蚀等特殊场合使用的螺栓也有各种非金属材质的。

螺母又称为螺帽,是一种固定用工具,其中心有孔,孔的内侧有螺纹,也称为丝。

螺钉为附有螺纹的圆柱杆状带头对象,一端带有螺纹的圆柱部分称为螺柱,另一端为头部,称为螺栓头,通常单独使用。图 2.7 和图 2.8 所示分别为螺栓、螺母、螺钉及紧固方法。

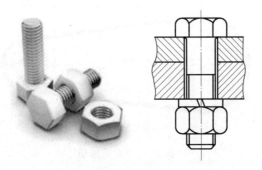

图 2.7 螺栓、螺母和紧固方法

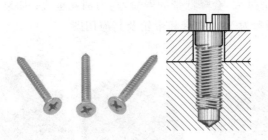

图 2.8 螺钉和紧固方法

### 3. 弹簧

弹簧是一种利用弹性来工作的机械零件,一般用弹簧钢制成,用以控制机件的运动、缓和冲击或振动、储蓄能量、测量力的大小等,广泛用于机器、仪表中。弹簧的种类复杂多样,按形状分,主要有螺旋弹簧、涡卷弹簧、板弹簧等,见图 2.9。

### 4. 带和链传动

带传动是利用张紧在带轮上的传动带与带轮的摩擦或啮合来传递运动和动力的。带传动被应用到很多领域,如工业机器人、汽车变速箱、照相机快门、卷扬机和机床动力箱等。带传动属于挠性传动,传动平稳,噪声小,可缓冲吸振。过载时,带会在带轮上打滑而起到保护其他传动件免受损坏的作用。带传动允许较大的中心距,结构简单,制造、安装和维护较方便,且成本低廉。图 2.10 所示为皮带传动。

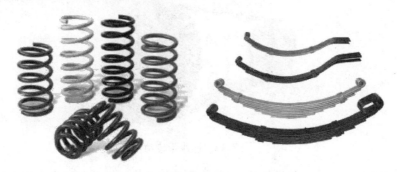

图 2.9 各种螺旋压缩弹簧、板弹簧

带传动中用的较为广泛的是无接头的 V 形带。V 形带和 V 形带轮配合使用。V 形带轮上制有 V 形轮槽。为了提高带传动的效率,通常需要对带进行适当预紧,使得 V 形带卡

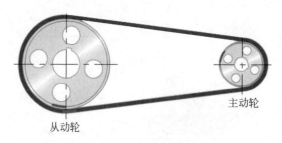

从动轮　　　主动轮

图 2.10　皮带传动

在轮槽中,增大了带的侧面和轮槽侧面的摩擦力,使二者之间不易发生相对运动,从而提高传动效率。如果预紧力过大,会降低带的寿命,动力消耗也大;如果预紧力不足,带会打滑,磨损也大。图 2.11 所示为 V 形皮带和带轮及其应用图。

图 2.11　V 形皮带和带轮及其应用

同步带传动综合了带传动、链传动和齿轮传动的优点,见图 2.12。由于带的工作面呈齿形,与带轮的齿槽作啮合传动,并由带的抗拉层承受负载,故带与带轮之间没有相对滑动,从而使主、从动轮间能作无滑差的同步传动。同步带传动的速度范围很宽,从每分钟几转到线速度 40m/s 以上,传动效率可达 99.5%,传动比可达 10,传动功率从几瓦到数百千瓦。同步带现已在各种仪器、计算机、汽车、工业缝纫机、纺织机和其他通用机械中得到广泛应用。

图 2.12　同步带传动

链传动是应用较广的一种机械传动,是依靠链轮轮齿与链节的啮合来传递运动和动力。图 2.13 所示为链和链轮。与带传动相比,链传动能保持准确的平均传动比,传动效率高,径向压轴力小,能在高温及低速情况下工作,能传递大的力矩和功率;与齿轮传动相比链传动安装精度要求较低，成本低廉，可远距离传动。链传动的主要缺点是瞬时传动比是变化的，传动平稳性较差，有冲击、振动和噪声，不适宜过高速度。图 2.14 所示为链传动及其应用。

图 2.13　链和链轮

图 2.14　链传动及其应用

**5. 轴**

轴是组成机器的重要零件之一，用于支承作回转运动或摆动的零件来实现其回转或摆动，使其有确定的工作位置。图 2.15 和图 2.16 所示分别为电机轴和自行车后轴。

图 2.15　电机轴

图 2.16　自行车后轴

轴的外形和尺寸各种各样，差异很大，但是轴的一个共同特点是呈圆柱形，而且长度远远大于直径。轴的应用范围非常广泛，生活和生产中都离不开轴。调整机械手表的时间时，我们需要拉出表轴，轻轻转动；时针、分针和秒针的转动同样离不开轴；汽车上也有很多轴；汽车的变速箱需要轴支撑齿轮的转动来传递运动和动力；汽车的车轮转动需要有前后轴的支撑；电风扇扇叶转动时，需要一根轴驱动它；升降重物用的滑轮，必须有轴才能转动；工业生产中使用的各种电机，没有轴无法完成转动和传递运动。

按照轴的形状分类可分为直轴、曲轴和软轴。直轴按外形不同可分为光轴、阶梯轴、空心轴及一些特殊用途的轴，如凸轮轴、花键轴、齿轮轴等。曲轴是内燃机、曲柄压力机等机器上的专用零件,用以将往复运动转变为旋转运动或作相反转变,如图 2.17 所示。软轴主要用于两传动轴线不在同一直线或工作时彼此有相对运动的空间传动,也可用于受连续振动的场合,以缓和冲击。

轴的结构有三部分组成:轴头、轴颈和轴身。轴头是与传动零件或者联轴器相配合的部分;轴颈是与滚动或者滑动轴承相配合的部分;轴身是轴的其余部分。

如图 2.18 所示,轴颈处安装有两个滚动轴承,两个轴头处分别与齿轮(左端)和联轴器(右端)相连,轴身是轴头和轴颈之间的过渡部分,通常安装套筒等用以轴向定位。

图 2.17 曲轴

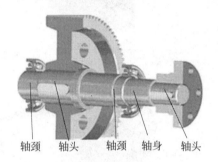

轴颈 轴头 轴颈 轴身 轴头

图 2.18 轴的结构

## 2.2 部 件

### 1. 联轴器

联轴器是用来联接不同机构中的两根轴(主动轴和从动轴)使之共同旋转以传递扭矩的机械零件。联轴器由三部分组成:两个半联轴器和一个中间连接件,见图 2.19。两个半联轴器分别与主动轴和从动轴联接。联轴器大致可以分为刚性联轴器和挠性联轴器。

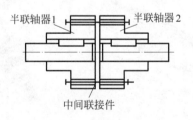

半联轴器1 半联轴器2

中间联接件

图 2.19 联轴器的组成

(1) 刚性联轴器

刚性联轴器对被联两轴轴线相对偏移不具有补偿的能力,也不具有缓冲减振性能,但结构简单,价格便宜,见图 2.20。所以只有在载荷平稳,转速稳定,并且能保证被联两轴轴线严格对中的情况下,才可选用刚性联轴器。

较为典型的刚性联轴器是凸缘联轴器和套筒联轴器。凸缘联轴器利用螺栓联接两个凸缘。套筒联轴器利用两个键和三个键槽(套筒内壁、左轴端键槽、右轴端键槽)的配合完成联接。

(2) 挠性联轴器

挠性联轴器较为典型的有万向节联轴器和弹性柱销联轴器。万向节联轴器具有一个万

(a)　　　　　　　　　(b)

图 2.20　刚性联轴器

(a) 凸缘联轴器；(b) 套筒联轴器

向节头,允许两轴轴线不必严格对中,允许有夹角,但是不具有减振性能,见图 2.21。弹性柱销联轴器外形上类似于凸缘联轴器,通过使用弹性尼龙柱销将两个半联轴器联接起来,具有补偿被联两轴轴线不对中和减振能力,见图 2.22。

图 2.21　单万向节联轴器

图 2.22　弹性柱销联轴器

## 2. 减速器

减速器在原动机和工作机或执行机构之间起匹配转速和传递转矩的作用,在现代机械中应用极为广泛。减速器按用途可分为通用减速器和专用减速器两大类,两者的设计、制造和使用特点各不相同。20 世纪 70—80 年代,世界上减速器技术有了很大的发展,且与新技术革命的发展紧密结合。减速器是一种相对精密的机械,使用它的目的是降低转速,增加转矩。减速器主要由传动零件(齿轮或蜗杆)、轴、轴承、箱体及其附件所组成。图 2.23 所示为同轴式减速器和蜗杆减速器。

图 2.23　同轴式减速器和蜗杆减速器

### 3. 电机转子

电机转子也是电机中的旋转部件,见图2.24。电机由转子和定子两部分组成,它是用来实现电能与机械能和机械能与电能的转换装置。电机转子分为内转子转动方式和外转子转动方式两种。内转子转动方式为电机中间的芯体为旋转体,输出扭矩(指电动机)或者输入能量(指发电机)。外转子转动方式即以电机外体为旋转体,不同的方式方便了各种场合的应用。

图2.24　电机转子

## 2.3　机　　床

### 1. 车床

普通车床由床头箱(主轴箱)、进给箱、溜板箱、挂轮箱、卡盘、刀架、尾座、床身、床腿、丝杠和光杠组成,见图2.25。床腿固定安装在地基上。床身固定在床腿上,保证各个部件的相对位置精度,其上有丝杠、光杠和控制主轴正反转和停止的操作手柄。主轴箱固定在机床床身的左侧,箱内装有带动卡盘旋转的主轴和调节转速的变速装置。进给箱位于机床床身的左前方。通过进给箱可以变换被加工螺纹的种类和导程,并控制纵向和横向的自动前进

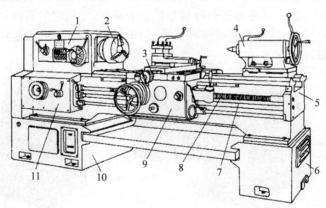

图2.25　普通车床
1—主轴箱;2—卡盘;3—刀架;4—尾座;5—床身;6、10—床腿;
7—光杠;8—丝杠;9—溜板箱;11—进给箱

量。挂轮箱位于主轴箱和进给箱的左侧,是一套齿轮机构。挂轮箱的作用是将经过组合的运动传递给进给箱,实现不同类型的螺纹加工。溜板箱位于车床床身下部,它能够将丝杠或者光杠传来的旋转运动变为直线运动,并带动溜板做进给运动。刀架和溜板均安装在床身导轨上。刀架用来安装车刀,溜板能够带动刀架做横向、纵向和斜向的进给运动。大溜板上的手轮每转动一周,刀架横向进给 0.05mm;小溜板上的手轮每转动一周,刀架纵向进给 0.02mm。尾座位于床身导轨的尾部,可以安装成形刀具、顶尖和辅具。卡盘(大盘)与主轴固联,用以装卡被加工工件。图 2.26 和图 2.27 所示分别为卡盘和丝杠外形图。

　　　图 2.26　卡盘(大盘)外形图　　　　　　　　图 2.27　丝杠外形图

　　车床可以完成加工内外圆柱面、内外圆锥面、内外螺纹、端面、镗孔和钻孔等工艺。

**2. 金属带锯机**

　　金属带锯机用于切割金属和塑料件。图 2.28 所示为普通小型金属带锯机。金属带锯机由张紧装置、带锯条导向器、床身、控制箱、手柄、固定虎钳、可动虎钳、横梁、倾斜支架组成。床身起到支撑上述其他部分的作用,主传动系统也放置在床身内部。虎钳安装在床身上,工件定位在左右虎钳之间并锁紧。倾斜支架固定在床身上。上半部安装在倾斜支架上。通过调节倾角,方便切削不同大小截面的工件。旋动手柄使得张紧装置拉紧锯条,增加锯条的刚性,便于切削。锯条导向器一端和横梁连接,起到导向的作用且还能够增强锯条的刚性,使得切削更平稳。带锯条细长且成环形,一侧有锋利的齿,由主动轮和惰轮驱动,见图 2.29。通过调节变速装置改变带锯条的运动速度,可以锯不同硬度和厚度的工件。

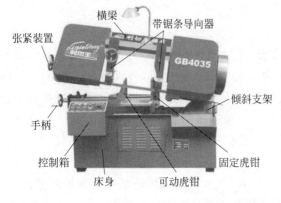 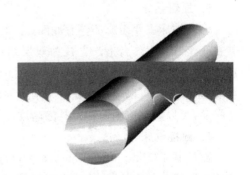

　　　　　图 2.28　金属带锯机　　　　　　　　　图 2.29　带锯条外形图

**3. 万能升降台铣床**

万能升降台铣床有底座、床身、悬梁、刀杆支架、主轴、工作台、床鞍、升降台及回转台组成,见图2.30。床身固定在底座上,用以安装和支撑其他部件。床身内部安装有主轴部件、主变速传动装置及变速操纵机构。悬梁安装在床身顶部,并可以调整前后位置。悬梁上的刀杆支架用以支撑刀杆,提高刚性。升降台安装在床身前侧面的垂直导轨上,可以上下移动。升降台的水平导轨上安装有床鞍。床鞍可以沿着主轴方向横向运动。床鞍上安装有回转台,回转台上面安装有工作台,工作台可以平移。所以,工作台不仅能够沿垂直主轴轴线方向进行移动,还能利用转盘转动,绕垂直轴线在范围内调整角度,以方便铣削螺旋表面。

**4. 牛头刨床**

牛头刨床主要用于加工中小型零件,见图2.31。机床的主要运动机构安装在床身内,驱动滑枕沿床身顶部的水平导轨做往复直线运动。刀架跟随滑枕做直线往复运动。刀架可以沿刀架座上的导轨垂直移动,以调整刨削厚度。调整转盘,使得刀架可以左右转动一定角度,方便加工斜面或者斜槽。加工时,工作台带动工件沿横梁做横向运动,以完成整个表面的加工。横梁则可以沿床身的垂直导轨上下移动,以调整工件和刨刀的相对位置。

图2.30　万能升降台铣床

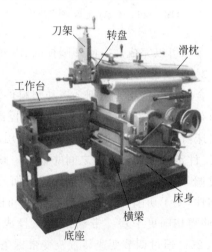

图2.31　牛头刨床

**5. 摇臂钻床**

摇臂钻床主要组成部件有底座、立柱、摇臂、主轴箱等,见图2.32。工件和夹具可以安装在底座或者工作台上。立柱为双层结构,内立柱安装在底座上,外立柱可以绕内立柱转动,并可带动夹紧其上的摇臂转动。主轴箱可在摇臂水平导轨上移动。通过摇臂和主轴箱的上述运动,可以方便地在一个扇形面内调整主轴到被加工孔的位置。摇臂沿着立柱上下移动,可以调整主轴箱和刀具的高度。钻头锁紧在钻夹中,钻夹固定在空心主轴中。

**6. 数控铣床**

数控铣床(computer numerically control,CNC)是在普通铣床的基础上发展起来的,两者的加工工艺基本相同,结构也有些相似,但数控铣床不是依靠手工操作而是靠人操作控制面板上的方向键和数字键或者由计算机辅助软件生成的指令控制的自动加工机床,所以其结构也与普通铣床有很大区别。

数控铣床一般由数控系统、主传动系统、进给伺服系统、冷却润滑系统等几大部分组成，见图 2.33。数控铣床可以分为立式数控铣床、卧式数控铣床和立卧两用数控铣床。立式数控铣床主轴轴线垂直于水平面。立式铣床应用范围很广，占据了数控铣床的大多数。一般进行三轴、四轴和五轴联动，以完成复杂曲面的加工。

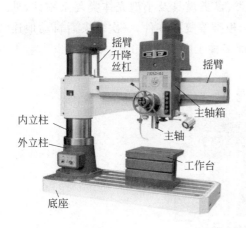

图 2.32　摇臂钻床

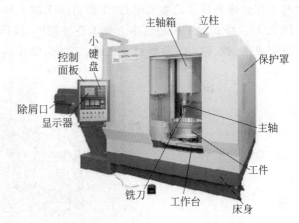

图 2.33　数控铣床外形图

数控铣床可以用于钻孔、镗孔、攻螺纹、轮廓铣削、平面铣削、空间三维复杂型面的铣削。如图 2.34 所示为数控铣床加工复杂表面。在数控铣床的基础上，衍生出加工中心和柔性制造系统。主轴箱包括主轴箱体和主轴传动系统，用于装夹刀具并带动刀具旋转。控制面板用于生成控制指令，执行数控加工程序，控制机床进行加工。冷却系统和除屑、防护装置属于辅助部分。床身和立柱是整个机床的基础和框架，它们是基础件。

**7. 加工中心**

加工中心是指备有刀库、具有自动换刀功能、对工件一次装夹后进行多工序加工的数控机床。它主要用于箱体类零件和复杂曲面零件的加工，能进行铣、镗、钻、攻螺纹等工序。图 2.35 所示为加工中心加工的汽油机箱体。

图 2.34　数控铣床加工复杂表面

图 2.35　汽油机箱体

加工中心是高度机电一体化的产品,工件装夹后,数控系统能控制机床按不同工序自动选择、更换刀具、自动对刀、自动改变主轴转速、进给量等,可连续完成钻、镗、铣、铰、攻螺纹等多种工序。因而大大减少了工件装夹时间、测量和机床调整等辅助工序时间,对加工形状比较复杂,精度要求较高,品种更换频繁的零件具有良好的经济效果。

加工中心大致有两大类:立式加工中心和卧式加工中心。立式加工中心是指主轴轴线与工作台垂直设置的加工中心,主要适用于加工板类、盘类模具及小型壳体类复杂零件,见图 2.36。卧式加工中心适用于加工各种箱体、模具、板类等复杂零件,一次装夹后自动地连续完成铣、镗、钻、绞、攻螺纹及二维、三维曲面和斜面多种工序精密加工。

图 2.36　立式加工中心

## 思 考 题

2.1　轴承的基本组成部分有哪些?

2.2　联轴器的作用是什么?

2.3　机床的主要种类有哪些?

## 拓 展 资 料

### 减速器的主要类型

减速器是指原电机与工作机之间独立封闭式传动装置,用来降低转速并相应地增大转矩。此外,在某些场合,也有用作增速的装置,并称为增速器。

减速器的种类很多,按照传动类型分有齿轮减速器、蜗杆减速器和行星齿轮减速器以及由它们组合起来的减速器;按照齿轮的外形分有圆柱齿轮减速器、圆锥齿轮减速器和它们组合起来的圆锥-圆柱齿轮减速器;按照传动的级数可分为单级和多级减速器。

#### 1. 齿轮减速器

齿轮减速器主要有圆柱齿轮减速器、圆锥齿轮减速器和圆锥-圆柱齿轮减速器。齿轮减速器的特点是效率高、寿命长、维护简便,因而应用极为广泛。

单级圆柱齿轮减速器传动比一般小于 5,可用直齿、斜齿或人字齿,传递功率可达数万千瓦,效率较高,工艺简单,精度易于保证,一般工厂均能制造,应用广泛。轴线可作水平布置、上下布置或铅垂布置,见图 2.37。

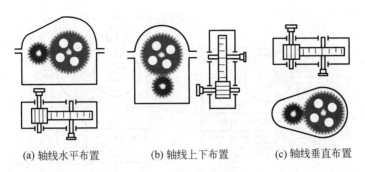

(a) 轴线水平布置 　　　　(b) 轴线上下布置 　　　　(c) 轴线垂直布置

图 2.37　一级圆柱齿轮减速器

二级圆柱齿轮减速器传动比一般为 8～40,用斜齿、直齿或人字齿,结构简单,应用广泛。展开式由于齿轮相对于轴承对称布置,常用于较大功率,变载荷场合;同轴式减速器长度方向尺寸较小,但轴向尺寸较大,中间轴较长,刚度较差,两级大齿轮直径接近,有利于浸油润滑,轴线可多为水平,见图 2.38。

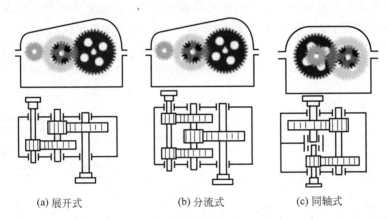

(a) 展开式 　　　　　　(b) 分流式 　　　　　　(c) 同轴式

图 2.38　二级圆柱齿轮减速器

单级圆锥齿轮减速器,传动比一般小于 3,可用直齿、斜齿或螺旋齿,见图 2.39。

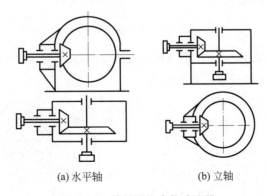

(a) 水平轴 　　　　　　　　(b) 立轴

图 2.39　单级圆锥齿轮减速器

二级圆锥-圆柱齿轮减速器,锥齿轮应布置在高速级,但其直径不宜过大,便于加工,见图 2.40。

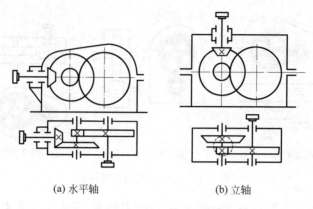

(a) 水平轴                                            (b) 立轴

图 2.40    二级圆锥-圆柱齿轮减速器

### 2. 蜗杆减速器

蜗杆减速器的特点是在外廓尺寸不大的情况下可以获得很大的传动比,同时工作平稳、噪声较小,但缺点是传动效率较低。蜗杆减速器中应用最广的是单级蜗杆减速器。

单级蜗杆减速器,结构简单、尺寸紧凑,但效率较低,适用于载荷较小、间歇工作的场合,见图 2.41。蜗杆圆周速度 $n \leqslant (4 \sim 5) \mathrm{m/s}$ 时用下置蜗杆,$n > (4 \sim 5) \mathrm{m/s}$ 时用上置式。采用立轴布置时密封要求高。设计时应尽可能选用下置蜗杆的结构,以便于解决润滑和冷却问题。

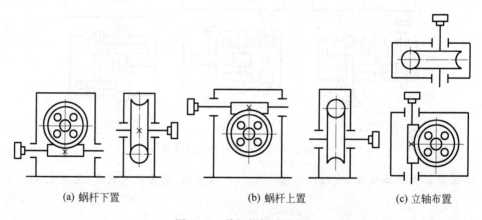

(a) 蜗杆下置                            (b) 蜗杆上置                            (c) 立轴布置

图 2.41    单级蜗杆减速器

齿轮-蜗杆减速器(见图 2.42),传动比一般为 $60 \sim 90$。齿轮传动在高速级时结构比较紧凑,蜗杆传动在高速级时则传动效率较高。

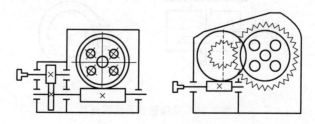

图 2.42    齿轮-蜗杆减速器

### 3. 行星齿轮减速器

行星齿轮传动有效利用了功率分流和输入、输出的同轴性以及合理地使用了内啮合，因而与普通定轴齿轮传动相比较，具有质量小、体积小、传动比大、承载能力大以及传动平稳和传动效率高等优点，常作为减速器、增速器、差速器和换向机构以及其他特殊用途，广泛应用于冶金、矿山、起重运输、建筑、航空、船舶、纺织、化工等机械领域。

图 2.43 所示为 NGW 型行星齿轮减速器，其单级传动比一般为 3～9，二级为 10～60。通常固定太阳轮或转臂。体积小，质量轻，但制造精度要求高，结构复杂。

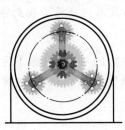

图 2.43　NGW 型行星齿轮减速器

减速器主要由齿轮(或蜗杆)、轴、轴承、箱体等组成。箱体必须有足够的刚度，为保证箱体的刚度及散热，常在箱体外壁上制有加强肋。为方便减速器的制造、装配及使用，还在减速器上设置一系列附件，如检查孔、透气孔、油标尺或油面指示器、吊钩及起盖螺钉等。

# 第3章　力学在机械工程中的应用

**能力培养目标**：通过理论与实例说明了理论力学、材料力学、流体力学和振动力学在机械工程中的应用，使学生认识到力学在机械工程中的重要作用，体会到用力学的理论、观念与方法去解决机械工程中的科学与技术问题将会收到事半功倍的效果，认识到力学是机械工程发展的重要推动力。

力学是一门既古老又有永恒活力的学科，它对于近、现代科学技术的进步有着重要影响。力学的起源可以回溯到阿基米德时代，1687 年牛顿的著作《自然哲学的数学原理》出版，奠定了经典力学的基础。

机械与力学有着不解之缘，英语 mechanics 有"机械学"和"力学"的双重中文释义，事实上，欧洲各国的语言中，"力学"(mechanics)和"机械装置"(mechanism)都是同源的，当时机械装置的大量出现和应用，促进了力学的产生与发展；反过来，力学也促进了机械工业的进步。在各种各样机械设备的设计、制造和运行控制过程中，要做到安全、可靠、经济和耐用，都有必要对其整体或关键部件进行有效的力学分析，其中包括强度、刚度、稳定性和动力学特性方面的分析。因此，对构件进行受力分析是设计或使用机器时最基本也是最重要的工作之一。构件在载荷作用下的运动和平衡规律、构件的承载能力是机械工程中经常遇到的力学问题。

现代机械工程是传统工业与现代技术的结合，高新技术已渗透到机械工程的各个角落，而机械设备正向着高性能和高经济性的方向发展，要适应这种趋势，机械工程必须要以力学作为其学科基础之一，力学也成为机械工程发展的重要推动力。

本章主要介绍刚体力学、材料力学、流体力学及振动力学在机械工程中的应用。

## 3.1　理论力学及工程应用

理论力学研究对象是速度远小于光速的宏观物体的机械运动。研究内容包括静力学、运动学和动力学三大部分。静力学主要研究力系的简化、合成与力系的平衡条件；运动学是从几何的角度研究点和刚体的运动规律；动力学是研究力的作用和机械运动变化的关系。这三部分内容既有独立的工程实用意义，相互之间又有密切的关系。

### 3.1.1　静力学及工程应用

从既安全又经济的原则出发，在设计机械或工程结构时，对有关的机械零件或结构物，一般应首先进行静力分析，然后在此基础上再进行有关强度、刚度等一系列的设计计算。静力学是力学的一个分支，它主要研究物体在力的作用下处于平衡的规律，以及如何建立各种力系的平衡条件。

#### 1. 平衡及应用

平衡是运动的一种特殊状态，指物体相对于惯性参考系保持静止或匀速直线运动。对工程技术中的多数问题来说,可以把固连于地面的参考系当作惯性参考系。

　　力系是指作用于物体上的一群力。如果作用于某一刚体上的力系可以用另一力系来等效替换,而不改变原力系对物体的作用效果,则此二力系称为等效力系。如果一个力系作用于刚体能使刚体保持平衡状态,则称这个力系为平衡力系。力系成为平衡力系时所要满足的条件称为平衡条件。在力系的作用下,使物体处于平衡状态满足的条件是,作用在该物体上的合外力、合外力矩必须都为零,根据这个条件就可以解决工程实际问题了。

　　例如在工程实际中,起重机械是现代化生产不可缺少的组成部分,主要作用是完成重物的位移。它可以减轻劳动强度,提高劳动生产率。起重设备帮助人类在征服自然改造自然的活动中,实现了过去无法实现的大件物品的吊装和移动,比如重型船舶的分段组装,化工反应塔的整体吊装,体育场馆钢屋架的整体吊装等。而起重机械在工作过程中发生的人身伤亡和设备损坏事故,对人们的生命和财产造成了不可估量的损失。事故原因之一就是对物体的平衡原理认识不足。

　　如图 3.1 所示的塔式起重机,要保证起重机不会翻倒,就是要保证起重机在满载时不绕 $B$ 点向右翻倒;空载时不绕 $A$ 点向左翻倒。假设重力为 $P_1$,最大起重量为 $P_2$,平衡锤重 $P_3$。欲使起重机在满载和空载时均不翻倒,平衡锤重 $P_3$ 应满足什么条件呢?

　　这就要求作用在起重机上的力系在以上两种情况下都能满足平衡条件,那我们就可以利用静力学平衡条件分别求出平衡锤重 $P_3$ 的两个极值 $P_{3min}$ 和 $P_{3max}$,如图 3.2 所示为受力图。

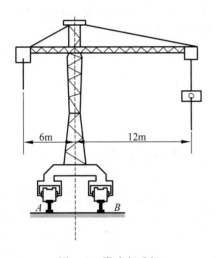

图 3.1　塔式起重机

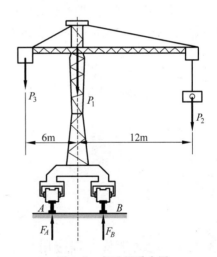

图 3.2　起重机受力图

　　为保证塔式起重机的安全,平衡锤重 $P_3$ 的范围应是:$P_{3min} \leqslant P_3 \leqslant P_{3max}$。如果在实际操作时,平衡锤的重量不满足上式的要求,塔式起重机必然会失去平衡而造成倒塌事故,这就是塔式起重机由于失去力的平衡造成倒塌事故的力学机理。

**2. 摩擦及应用**

　　当两物体具有相对运动的趋势或相对运动时,在其接触处的公切面内就会彼此作用有阻碍相对滑动的阻力,即滑动摩擦力,简称为摩擦力。摩擦在机械中有广泛的应用。例如,机械加工中的很多夹具是利用摩擦来夹紧工件的;带轮利用摩擦传递运动;制动器利用摩擦刹车;螺栓利用摩擦锁紧等。

在车床上加工零件,经常要车削很薄的圆盘工件,该种工件既无中心孔,又无其他可供夹持的地方。为解决此问题,可采用带法兰的芯轴来夹持工件,如图 3.3 所示。车削圆盘时,首先选择略小于薄圆盘直径的法兰芯轴,把它夹持在三爪自定心卡盘上或夹头内,用两面一样的胶布将粗加工的圆盘坯件放置在法兰的前端面,再用一球轴承通过车床尾座顶尖支撑,并压紧工件。由于法兰芯轴端面与圆盘工件之间有摩擦因数较大的胶布,当法兰芯轴转动时,利用其静摩擦力带动圆盘转动,此时即可车削圆盘的外径。

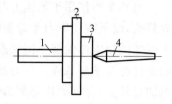

图 3.3  车床夹持薄圆盘工件
1—法兰芯轴;2—圆盘工件;
3—球轴承;4—尾座顶尖

另外,机械工程中常利用自锁条件来设计一些器械或夹具,使它们在工作时能自动“卡住”。例如图 3.4 所示的螺旋千斤顶,其结构由底座与螺杆组成。它的简化力学模型为滑块斜面模型。滑块为重物加螺杆,底座的内螺纹相当于斜面。螺杆与底座两种材料的摩擦因数决定了摩擦角。只要摩擦角大于矩形螺杆的倾角,即出现力学上的摩擦自锁。那么,螺旋千斤顶在工作中通过螺纹的正向旋转顶起重物,而不会在重物的作用下出现反向旋转被压下。莫氏圆锥体也是利用摩擦自锁原理工作的一种定位工具,应用十分广泛,常见的有刀具锥柄、顶尖体,如图 3.5 所示。将莫氏圆锥体装进圆锥孔后,在重力的作用下,莫氏圆锥体有滑出圆锥孔的趋势,由于莫氏圆锥体的斜角设计满足一定条件,所以在静摩擦力的作用下,能保证莫氏体的平衡状态,即产生自锁(在实际机械中,由于摩擦的存在以及驱动力作用方向的问题,有时会出现无论驱动力如何增大,机械都无法运转的现象,称为自锁)。

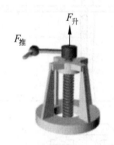

图 3.4  螺旋千斤顶

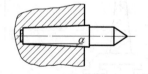

图 3.5  莫氏圆锥体

### 3.1.2  运动学及工程应用

运动学是撇开物体的受力,从几何角度分析物体的运动,如轨迹、速度、加速度等,而不研究引起物体运动的物理原因。在运动学中,有两类模型:一类是点模型,即不计尺寸大小的物体;另一类是刚体模型。刚体就是在力的作用下,大小和形状都保持不变的物体,或在力的作用下,组成物体的所有质点之间的距离始终保持不变的物体。刚体是一个抽象化的概念,是力学中的一个有用的理想化模型。

**1. 点的复合运动**

工程中常遇到这样的情况:点相对于某一参考系运动,而此参考系又相对于另一参考系运动;对后一参考系而言,点就做复合运动。虽然相对于不同的参考系,所描述的同一点运动是不同的,但这些运动之间必然存在一定的联系。

如图 3.6 所示车轮轮缘上一点,相对车体点作圆周运动;而车体相对于地面做直线运动,因此相对于地面点做复合的旋轮线运动。

如图 3.7 所示,螺旋桨上一点相对于直升机本体作定轴转动,直升机又相对于地面做垂直向上运动。所以螺旋桨上一点相对于地面就做复合运动。

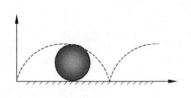

图 3.6　车轮上一点的运动　　　　　图 3.7　螺旋桨复合运动示意图

**2. 刚体的运动**

（1）刚体平动

刚体在运动过程中能保证刚体上任意两点连线保持方向不变,称为刚体平动。刚体平动分为直线平动和曲线平动。直线平动如图 3.8 所示,小车在平面上运动,车体做直线平动。而如图 3.9 所示的摩天轮观光舱的运动则是曲线平动。

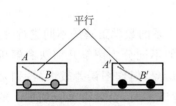

图 3.8　车体的直线平动　　　　　　图 3.9　摩天轮观光舱的曲线平动

（2）刚体定轴转动

刚体定轴转动时,刚体内始终有一条固定不动的直线,而这条直线以外的各点则绕此直线作圆周运动。如图 3.10 所示保持不动的直线称之为转轴或者轴线。刚体定轴转动中刚体与某一固定面的夹角是时间的函数,该函数分别对时间求一阶和二阶导数,即可得到刚体定轴转动的角速度和角加速度。其中角速度表示刚体绕轴转动的快慢;角加速度表示角速度变化的快慢。

常见的钟表指针的运动、门的转动、车床主轴的运动都属于定轴转动。

（3）刚体平面运动

刚体中任意一点始终在平行于某一固定平面的平面内运动，称为刚体的平面运动。平面运动可分解为某一平面内任意一点的平动和绕着该点且垂直于固定平面的固定转轴的转动。

例如沿直线滚动的车轮的运动就是平面运动，见图3.11。平面运动是平动与转动的合成运动，也可以看成是绕着不断运动的轴的转动。

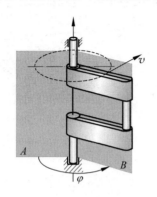

图3.10　定轴转动　　　　　　　　　图3.11　刚体平面运动

### 3. 机构运动分析

（1）机构运动分析的目的

通过对机构的位移或轨迹分析，可以确定各构件在运动过程中所占据的空间大小，判断各构件之间是否会发生位置干涉，考察从动件及其上某些点能否实现预定的位置或轨迹要求；基于机构的速度分析，可以了解从动件的速度变化规律能否满足工作要求。其次，由于功率是速度和力的乘积，所以在功率已知的条件下，通过速度分析还可以了解机构的受力情况和加速度情况。由机构的加速度分析，可以确定各构件及其上某些点的加速度变化规律，这是计算构件惯性力和研究机械动力性能的必要前提。

（2）机构运动分析的方法

机构运动分析的方法很多，可以按表示相对运动关系的数学工具的不同进行分类，例如有复数矢量法、矩阵法；还可以按运动关系求解方法的不同分为图解几何法和解析法。几何法是通过作图的方法对运动关系进行求解，故直观形象，但作图误差较大，特别是当机构比较复杂，构件数目较多，或者需要作运动分析的位置较多时，会显得十分烦琐。解析法是通过对运动方程的求解获得有关运动参数，故其直观性差，但设计精度高，一般是先建立机构的位置方程，然后将位置方程对时间求导得速度方程和加速度方程。随着计算机的普及应用，解析法已在机构运动分析中得到广泛应用。

（3）机构运动分析实例

① 曲柄摇杆机构。

如图3.12所示的是雷达机构，图3.13是其机构简图，即曲柄摇杆机构，研究曲柄 $AB$ 转动角度、角速度和角加速度与天线 $CD$ 摆动角度、角速度和角加速度之间的关系。

采用解析法对曲柄摇杆机构进行运动学分析。问题可以描述为：平面四杆机构中，已

图 3.12　雷达机构

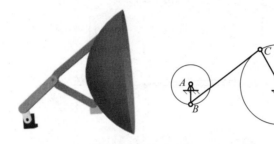

图 3.13　雷达机构结构简图(曲柄摇杆机构)

知杆长分别为 $l_1$、$l_2$、$l_3$、$l_4$，原动件 $AB$ 的正向转角及正向角速度分别为 $\theta_1$、$\omega_1$。求解：摇杆 $CD$ 的角位移 $\theta_3$、角速度 $\omega_3$ 以及角加速度 $\alpha_3$。

　　将铰链四杆机构 $ABCD$ 看作一个向量封闭多边形，如图 3.14 所示，则该机构的向量封闭方程式为

$$l_1 + l_2 = l_3 + l_4 \tag{3.1}$$

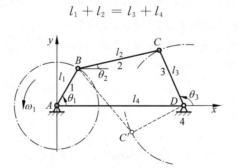

图 3.14　曲柄摇杆机构图

写成展开式

$$\left.\begin{array}{l} l_1\cos\theta_1 + l_2\cos\theta_2 = l_4 + l_3\cos\theta_3 \\ l_1\sin\theta_1 + l_2\sin\theta_2 = l_3\sin\theta_3 \end{array}\right\} \tag{3.2}$$

消去以上的 $\theta_2$,得到

$$
\left.
\begin{aligned}
A &= l_4 - l_1\cos\theta_1 \\
B &= - l_1\sin\theta_1 \\
C &= (A^2 + B^2 + l_3^2 - l_2^2)/(2l_3) \\
A\cos\theta_3 &+ B\sin\theta_3 + C = 0
\end{aligned}
\right\}
\tag{3.3}
$$

于是可以计算出 $\theta_3$

$$
\theta_3 = 2\arctan\{[B \pm (A^2 + B^2 - C^2)^{1/2}]/(A - C)\}
\tag{3.4}
$$

将位置方程对时间求一阶导数得角速度方程为

$$
\omega_3 = \omega_1 l_1 \sin(\theta_1 - \theta_2)/[l_3\sin(\theta_3 - \theta_2)]
\tag{3.5}
$$

同理,可得角加速度方程

$$
\alpha_3 = [l_2\omega_2^2 + l_2\omega_2^2\cos(\theta_1 - \theta_2) - l_3\omega_3^2\cos(\theta_3 - \theta_2)]/[l_3\sin(\theta_3 - \theta_2)]
\tag{3.6}
$$

如图 3.15 所示为曲柄摇杆机构运动规律

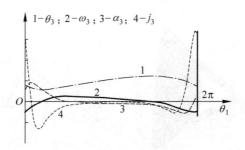

图 3.15　曲柄摇杆机构运动规律图

② 曲柄滑块机构。

曲柄滑块机构是很多机械都有的机构,如锯床、空气压缩机、内燃机和蒸汽机等。那么曲柄滑块机构能否实现预定的运动,就要对它进行运动分析。若曲柄 $OA$ 长为 $r$,绕 $O$ 轴匀速转动,曲柄与水平线之间的夹角为 $\theta$,其中 $\omega$ 为角速度。为了确定滑块的运动规律,就必须写出它的运动方程。为此,取滑块为研究对象,滑块的运动为直线运动,取如图 3.16 所示的坐标轴,运动方程为

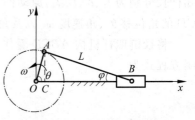

图 3.16　曲柄滑块机构图

$$
x = OB = OC + CB = r\cos\theta + \sqrt{L^2 - r^2\sin^2\theta}
\tag{3.7}
$$

因为

$$
\frac{\mathrm{d}x}{\mathrm{d}t} = \frac{\mathrm{d}x}{\mathrm{d}\theta}\frac{\mathrm{d}\theta}{\mathrm{d}t} = \omega\frac{\mathrm{d}x}{\mathrm{d}\theta}
\tag{3.8}
$$

所以

$$
\frac{\mathrm{d}x}{\mathrm{d}\theta} = - r\sin\theta - \frac{r^2\sin\theta\cos\theta}{\sqrt{L^2 - r^2\sin^2\theta}}
\tag{3.9}
$$

于是滑块的速度

$$
v = \frac{\mathrm{d}x}{\mathrm{d}t} = \frac{\mathrm{d}x}{\mathrm{d}\theta}\frac{\mathrm{d}\theta}{\mathrm{d}t} = \omega\frac{\mathrm{d}x}{\mathrm{d}\theta} = - \omega r\sin\theta\left(1 + \frac{r\cos\theta}{\sqrt{L^2 - r^2\sin^2\theta}}\right)
\tag{3.10}
$$

进而,可以得到滑块的加速度

$$a = \frac{\mathrm{d}v}{\mathrm{d}t} = \omega\,\frac{\mathrm{d}v}{\mathrm{d}\theta} = -\omega^2 r\left[\cos\theta + \frac{r(L^2\cos 2\theta + r^2\sin^4\theta)}{(L^2 - r^2\sin^2\theta)^{\frac{3}{2}}}\right] \tag{3.11}$$

如果曲柄是主动件,曲柄滑块机构就可以将旋转运动转换为从动件的直线往复运动,如锯床、空气锤、空气压缩机和往复式水泵等。如果滑块是主动件,曲柄滑块机构就可以将直线运动转换为从动件的往复运动,如内燃机和蒸汽机。

③ 凸轮机构。

当从动件的位移、速度、加速度必须严格按照预定规律变化时,常用凸轮机构。凸轮机构由凸轮、从动件、机架 3 个基本构件组成,是一种高副机构。其中凸轮是一个具有曲线轮廓或凹槽的构件,通常作连续等速转动,从动件则在凸轮轮廓的控制下按预定的运动规律作往复移动或摆动。凸轮机构通常适用于传递动力不大的机械中,尤其广泛应用于自动机械、仪表和自动控制系统中,见图 3.17。

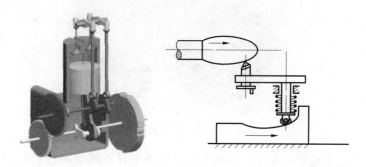

图 3.17　凸轮机构应用

对心直动尖顶从动件盘形凸轮轮廓由曲线 $AB$、$CD$ 和圆弧 $BC$、$DA$ 组成。凸轮以 $\omega$ 角速度逆时针转动,在转过一圈时,从动件在 $AB$ 段上升、$BC$ 段停留在最高处、$CD$ 段下降、$DA$ 段停留在最低处。如图 3.18 所示是凸轮机构的从动件位移图。对该图曲线进行微分可以得到从动件 $AB$ 速度图和加速度图。

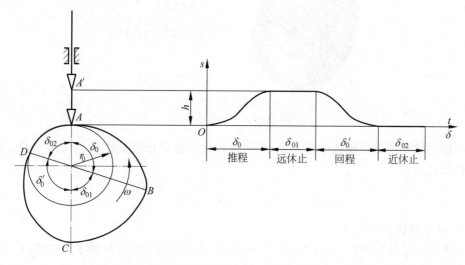

图 3.18　凸轮机构运动过程

④ 齿轮机构。

齿轮机构是现代机械中应用最广泛的传动机构,用于传递空间任意两轴或多轴之间的运动和动力。

传动时所有齿轮的几何轴线位置均固定不变的轮系称为平面定轴轮系,如图 3.19 所示为外啮合定轴轮系机构。轮系始端主动轮与末端从动轮转速之比值,称为轮系的传动比,用 $i$ 表示:

$$i = \pm \frac{n_1}{n_2} \qquad (3.12)$$

其中:$n_1$ 为主动轮的转速;$n_2$ 为从动轮的转速。两个齿轮转向相同取"+"号,否则取"-"号。

图 3.19　外啮合定轴轮系机构

行星轮系与定轴轮系的根本区别在于行星轮系中具有转动的行星架,从而使得行星轮系既有自转,又有公转。如图 3.20 所示,齿轮 2 既绕自己的轴线作自转,又绕定轴齿轮 1、3 的轴线作公转,犹如行星绕日运行一样,故称其为行星轮。$H$ 称为行星架或系杆。行星轮系可以获得很大的减速比,适用于结构要求紧凑的地方。

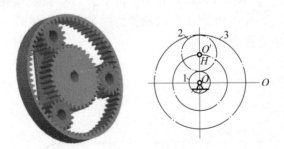

图 3.20　行星轮系机构

利用定轴轮系传动比的计算方法,可列出转化轮系中任意两个齿轮的传动比。如 1、3 轮的传动比为

$$i_{1,3}^H = \pm \frac{n_1 - n_H}{n_3 - n_H} \qquad (3.13)$$

⑤ 链条机构。

链条机构是由装在平行轴上的主、从动链轮和绕在链轮上的环形链条所组成,见图 3.21,以链作中间挠性件,靠链与链轮轮齿的啮合来传递运动和动力。

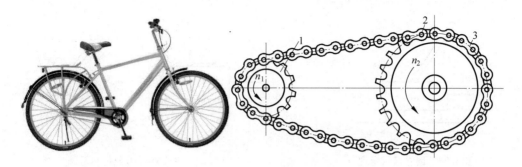

图 3.21　链传动机构

链传动的平均传动比为主动链轮和从动链轮转速之比值。

$$i = \frac{n_1}{n_2} \tag{3.14}$$

### 3.1.3　动力学及工程应用

刚体动力学是一般力学的一个分支,研究刚体在外力作用下的运动规律。它是机器部件的运动,舰船、飞机、火箭等航行器的运动以及天体姿态运动的力学基础,其核心是牛顿第二定律的变形应用。

在机构运动过程中,其各个构件都受到力的作用,所以机构的运动过程也是机构传力和做功的过程。作用在机械上的力,不仅是影响机械的运动和动力性能的重要参数,而且也是决定相应构件尺寸及结构形状等的重要依据。所以不论是设计新的机械,还是为了合理地使用现有的机械,都必须对机构的受力情况进行分析。机械动力学的分析过程,按其任务不同,可分为动力学正问题和动力学反问题两类,已知力求运动属于动力学正问题,已知运动求力属于动力学反问题。

研究机构力分析的目的有二:①确定运动副中的反力。对于设计机构各个零件和校核其强度、测算机构中的摩擦力和机械效率等,都必须已知机构的运动副反力。②确定机构需加的平衡力或平衡力矩。对于确定机器工作时所需的驱动功率或能承受的最大负荷等都是必需的数据。

**1. 倒立摆动力学方程**

以倒立摆为例研究刚体动力学,如图 3.22 所示为倒立摆示意图。研究倒立摆的目的是研究控制方法,就是使摆杆尽快地达到一个平衡位置,并且使之没有大的振荡和过大的角度和速度。当摆杆到达期望的位置后,系统能克服随机扰动而保持稳定的位置。研究倒立摆控制方法的关键是刚体动力学。

小车质量为 $M$;杆件的质量为 $m$;摆杆转动轴心到杆质心的长度为 $l$;小车摩擦因数为 $b$;摆杆惯量为 $I$;加在小车上的力为 $F$;小车位置为 $x$;初始时刻杆件与垂直方向的夹角为 $\theta$。

对小车和杆件分别进行受力分析,其中 $N$ 和 $P$ 为小车与摆杆相互作用力的水平和垂直方向的分量,如图 3.23 所示。

分析小车水平方向的受力,得到方程:

$$M\ddot{x} + b\dot{x} + N = F \tag{3.15}$$

由摆杆水平方向的受力,得到方程:$N = m\ddot{x} + ml\ddot{\theta}\cos\theta - ml\dot{\theta}^2\sin\theta$

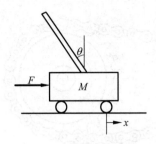

图 3.22　倒立摆示意图

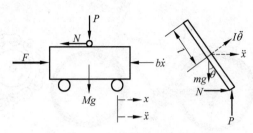

图 3.23　倒立摆受力分析示意图

将上面两个式子合并得到

$$(M+m)\ddot{x}+b\dot{x}+ml\ddot{\theta}\cos\theta-ml\dot{\theta}^2\sin\theta = F \qquad (3.16)$$

同理，

$$\left.\begin{array}{l} P\sin\theta+N\cos\theta-mg\sin\theta = ml\ddot{\theta}+m\ddot{x}\cos\theta \\[2mm] -Pl\sin\theta-Nl\cos\theta = I\ddot{\theta} \end{array}\right\} \qquad (3.17)$$

将上面两个式子合并得到

$$(I+ml^2)\ddot{\theta}+mgl\sin\theta = -ml\ddot{x}\cos\theta \qquad (3.18)$$

对上面式子进行线性化，最终得到

$$\left.\begin{array}{l} (1+ml^2)\ddot{\theta}-mgl\theta = ml\ddot{x} \\[2mm] (M+m)\ddot{x}+b\dot{x}-ml\ddot{\theta} = F \end{array}\right\} \qquad (3.19)$$

式(3.17)即倒立摆的动力学方程，该方程为倒立摆的控制研究提供了理论基础。

**2. 牛头刨床与动力学**

在牛头刨床的设计过程中，首先根据刨床工作的特点选择了特定的六杆机构，并完成了其运动学设计，确定了电动机的转速、各级传动的传动比和各构件的基本几何尺寸。如图 3.24 所示为牛头刨床实物图与机构简图。为确定电动机的功率，并验算各构件的强度和轴承的寿命，就需要根据牛头刨床的载荷求出应施加于原动构件（曲柄）上的平衡力矩和各运动副中的约束反力，这就是求解动力学反问题。在求解动力学反问题时，假定电动机和曲柄都是等速回转的。而实际上，电动机输出的转矩并不能严格地等于求解动力学反问题所算出的平衡力矩。因而，曲柄并不能严格地保持等速回转这一假定，存在角速度的周期性波动。这一角速度波动对刨削加工不利，对牛头刨床的强度和寿命也是不利的，需要通过安装飞轮加以控制。这就需要根据电动机的机械特性和牛头刨床的负载来计算机器的实际运动规律，即求解动力学正问题。

**3. 机器人与动力学**

机器人是一个复杂的动力学系统，在关节驱动力矩（驱动力）的作用下产生运动变化，或与外载荷取得静力平衡。在机器人的设计中，首先根据机器人手部应完成的工作，进行轨迹规划，即给定机器人手部的运动路径以及机器人轨迹上各点的速度和加速度。然后，通过求解动力学反问题，求出应施加于各主动关节处的广义驱动力的变化规律。动力学反问题在

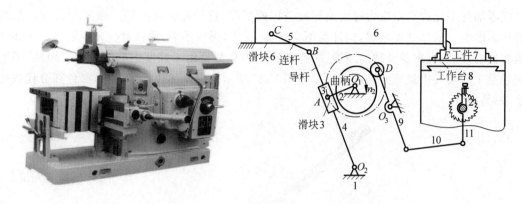

图 3.24 牛头刨床实物图与机构简图

机器人分析中至关重要,它是机器人控制器设计的基础。若已知各关节的驱动力矩,求解手部的真实运动,则需要求解动力学正问题,它是机器人动态仿真的基础。

**4. 车辆动力学**

由于人们对车辆系统的高速、安全和舒适等要求不断提高,车辆系统动力学是近年来广泛关注的研究领域。从车辆动力学分析和设计角度看,基于多体动力学的 ADAMS(automatic dynamic analysis of mechanical systems)平台已提供了非常方便的动力学模拟平台。因此,近年来车辆动力学的研究趋势是将车辆作为机电一体化系统,以多体动力学为建模工具,结合最优化方法和控制技术进行动力学与控制的一体化分析与设计。此外,人们愈加注重从力学机理上加强对列车轮轨间、汽车轮胎与地面间的相互作用影响的研究。例如,从多体系统动力学角度研究列车车轮磨损引起的不平衡动载荷及轮跳振动,从非线性动力学角度研究具有干摩擦的列车轮动力学问题等。

总之,运用动力学的知识可确定力和运动之间的关系,从而有利于掌握运动的规律,并加以充分利用。

# 3.2 材料力学与构件承载能力

材料力学的应用十分广泛,大到机械中的各种机器,建筑中的各个结构,小到生活中的塑料食品包装,很小的日用品。各种物件都要符合它的强度、刚度、稳定性要求才能够安全、正常工作。材料力学是研究工程结构中材料的强度和构件承载力、刚度、稳定性的学科。材料力学的任务包括:研究构件的强度、刚度和稳定性;研究材料的力学性能;为合理解决工程构件设计中安全与经济之间的矛盾提供力学方面的依据。必须指出,要完全解决这些问题,还应考虑工程上的其他问题,材料力学只是提供基本的理论和方法。在选择构件的尺寸和材料时,还要考虑经济要求,尽量降低材料的消耗和使用成本低的材料;但为了安全,又希望构件尺寸大些,材料质量高些。这两者存在着一定的矛盾,材料力学则正是在解决这些矛盾中产生并不断发展的。

## 3.2.1 强度问题

由载荷、温度等因素引起物体内部某点处截面内力的集度称为应力。运行中的机械结构或零部件不允许产生应力过大而导致破坏的情况,这就是强度问题。强度就是材料抵抗破坏的能力。如果强度足够,构件就不会破坏,反之,强度不够,构件就会发生破坏。例如高压容器的爆裂、汽车驱动轴的断裂、防弹玻璃的碎裂都是由于强度不够造成的。因此,强度问题是工程实践中最重要问题之一。如图3.25所示为汽车部件强度分析,深色部分代表强度差,易破坏。

图3.25　汽车换挡座强度分析

在交变应力(构件中点的应力状态随时间而作周期性变化的应力)作用下,虽然应力值低于屈服极限,但长期反复之后,构件也会突然断裂,材料这种现象习惯上称为疲劳破坏。机械构件,特别是曲轴、叶片、齿轮、弹簧等,常规疲劳强度计算和实验已成为设计过程的必要环节。疲劳破坏大致经历了3个阶段:裂纹形成,裂纹扩展,最后断裂。交变应力是导致疲劳破坏产生的重要条件。工程中的许多载荷是随时间而发生变化的,而其中有相当一部分载荷,例如火车轮轴的应力、齿轮啮合点处的应力都是随时间作周期性变化的。

所有机械结构都应有适度的强度储备,以保证其安全运行和达到预期的使用寿命。安全系数(进行土木、机械等工程设计时,为了防止因材料的缺陷、工作的偏差、外力的突增等因素所引起的后果,工程的受力部分实际上能够担负的力必须大于其容许担负的力,二者之比叫做安全系数)如取得过大或许用应力(机械设计或工程结构设计中允许零件或构件承受的最大应力值称为许用应力)取得过小,将会使设计的机械结构粗大笨重,这无疑造成了生产成本的提高和工作效率的降低,但安全系数取得过小或许用应力取得过大,又将使得设计的机械结构发生不应有的破坏。因此合理选取安全系数和许用应力,也是强度分析工作的重要任务。

力学实验是强度分析中的重要手段。当设计的新产品需要确定设计方案时,可利用模型试验,选取较优设计方案,并可对原设计方案提出改进,为降低应力集中因数等提供必要的依据。

机械结构大多用金属材料制成,也有一些大型机械的框架由混凝土浇筑而成。机械设计中的强度分析必须参考材料的失效抗力指标,如屈服点、疲劳极限等,还要注意到像铸铁、高碳钢、混凝土以及石料等脆性材料抗压强度显著高于抗拉强度的基本特性。

**1. 单缸内燃机强度问题**

内燃机是动力机械中应用最广泛的一种热力发动机,根据所用的燃料不同分为汽油机、柴油机等,见图3.26。单缸内燃机在壳体内主要有:支承在多个滑动轴承上的曲轴是主要旋转和承载部件;装在曲轴曲柄上的连杆,其作用是将活塞从爆发气体传递来的力再传递

给曲轴;装在连杆上的活塞是爆发气体的承载体;活塞与汽缸间的空腔是燃烧室,燃烧室
中装有控制气体进出的进、排气阀。

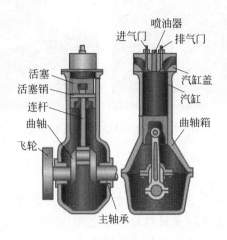

图 3.26　内燃机结构

单缸内燃机在运行中的基本作用力有:燃烧中燃气的压力;活塞连杆往复运动的惯性
力;曲轴进行回转运动产生的离心惯性力;由于整个机构运动的惯性力不通过重心而造成
的倾覆力矩等。

此外,由于燃烧室中爆发气体具有很高的温度,其热量由尚未燃烧的油以及汽缸外的冷
却水带走,内燃机各部件之间有很大的温度差,产生热应力。

内燃机零件由于强度问题产生的破损与失效的现象有:大变形(影响摩擦副配合,造成
漏气、漏油、漏水)、疲劳断裂、金属粘着(拉缸、拉轴承)、加速磨损等。所以内燃机强度问题
是影响内燃机运行可靠性与使用寿命的重要问题之一。

**2. 德国 ICE884 次高速列车脱轨事故**

结构材料与机械零件失效案例中,疲劳破坏占一半以上,其破坏有别于静载破坏,即使
是塑性较好的材料断裂前也无明显的塑性变形,大多是在无预警且不可预期的情况下发生,
所以损伤严重。

1998 年 6 月 3 日,由慕尼黑开往汉堡的德国 ICE884 次高速列车在运行至距汉诺威东
北方向附近的小镇埃舍德时,发生了第二次世界大战后德国最为惨重的列车脱轨事故(见
图 3.27)。该列车由两辆机车和 12 辆拖车组成,事故发生后 12 辆拖车全部脱轨,致 100 人
死亡,88 人重伤。发生事故的列车是德国第一代 ICE 型高速列车。德国共有此型列车 60 列,
它们从 1991 年开始投入运营,总运营里程超过 10 亿 km,平均每列运营里程达 166 万 km。
事故发生的当天,德国政府就宣布,所有德国行驶的高速列车一律降速,降到每小时 60km
以下,那么,为什么会造成这个事故呢? 事后的调查结果显示,在车轮上面的一个卡箍,其作
用是防止车轮跑出来的一个非常小的部件,因为长期的运行当中,产生了疲劳断裂,导致火
车在穿过高速公路的桥梁时,那个断掉的卡箍碰到桥梁旁边的部件,产生一个侧向力使火车
出轨。而火车出轨的时候,刚好就像一个刀子一样,切断了高速公路桥的桥墩,高速公路桥
整个压在列车的车厢上面了。

图 3.27    德国 ICE 高速列车事故

### 3.2.2    刚度问题

刚度是指构件在外载作用下,具有足够的抵抗变形的能力。也就是说,研究变形大不大的问题。结构的刚度除取决于组成材料的刚度之外,还同其几何形状、边界条件等因素以及外力的作用形式有关。在一些高精度装配机械及旋转机械中,为保证安全平稳运行,必须严格限制结构或构件的变形量,如切削机床主轴刚度性能的好坏会直接影响加工精度的高低。这时对机械进行刚度分析的重要意义不亚于强度分析;机械手末端如果抓持重物的质量较大时,上臂将会有一定的变形,这会影响末端执行器的位置和姿态精度;行车起吊重物时,刚度不足也会使横梁产生较大变形,如图 3.28 所示。

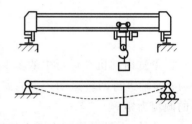

图 3.28    横梁变形示意图

机械工程中经常利用卸载与再加载规律,提高材料的刚度,称为冷作硬化,即金属在冷态塑性变形中,使金属的强度指标如屈服点、硬度等提高,塑性指标如伸长率降低的现象。

普通弹性材料(如低碳钢)在拉伸实验中会经历 4 个阶段:弹性形变、屈服阶段、强化阶段、颈缩阶段,见图 3.29。

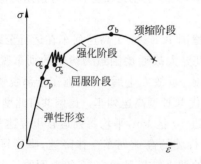
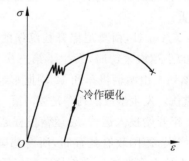

图 3.29    低碳钢拉伸实验应力-应变图

弹性形变:即材料所受拉力在弹性极限之内,拉力与材料伸长成正比(胡克定律)。当外力撤去之后,材料会恢复原来的长度。

屈服阶段:在外部拉力超过弹性极限之后,材料失去抵抗外力的能力而"屈服",即在此情况下,外力无显著变化材料依然会伸长。当外力撤去后,材料无法回到原来的长度。

强化阶段：材料在内部晶体重新排列后重新获得抵抗拉伸的能力,但此时的形变为塑性形变,外力撤去后无法回到原来的长度。

颈缩阶段：材料在过度受力后开始在薄弱部位出现颈缩现象,抵抗拉伸能力急剧下降,直至断裂。

在强化阶段卸载后,如重新加载,曲线将沿卸载曲线上升。如对试件预先加载,使其达到强化阶段,然后卸载,当再加载时试件的线弹性阶段将增加,而其塑性降低。这种现象称为冷作硬化。

由于钢材在从红热状态冷却后,内部热应力及晶体排列的缘故,无法使其发挥出最大的抵抗拉伸能力,因此在常温下,将钢材拉伸至强化阶段后撤去外力。钢材经过这种加工后,长度增加,直径缩小,弹性极限上升至相当于原材料强化阶段,大大提升了材料的弹性极限,并且使应变率降低,提高了材料的刚度。

利用材料力学中卸载与再加载规律得出冷作硬化现象,工程中常利用其原理以提高材料的承载能力,例如建筑用的钢筋与起重的链条等。

### 3.2.3　稳定性问题

某些机械结构除进行强度和刚度分析之外,还应该校核其结构稳定性。稳定性通常指某些构件在特定外载,如压力作用下,具有足够的保持其原有平衡状态的能力。一些细长杆或薄壁构件,在受压应力的情况下,有时会突然改变原来的平衡状态,在其刚度最薄弱的方向上发生显著变形,甚至完全丧失承载能力。例如台式钻床的钻头是细长杆件,如果钻头两端受力不大,轴线能保持原有的直线状态;如果钻头两端受力过大,钻杆将突然变弯,导致钻头不能正常工作;汽缸、油缸的活塞杆、起重机臂的一些弦杆,压力机的丝杠等,由于承受过大的轴向压力,会突然发生弯曲。又如焊接薄壁结构的腹板、筋板、箱形结构的壁板的中面受压部分,如果主要受压或受剪力作用,也会突然发生显著翘曲而不能正常工作。受扭或受弯的薄壁圆管等壳状结构、真空设备的壳体等,在外压、轴向力或剪力的作用下,也会突然发生局部的凹凸变形。当载荷增加到一定限度后,结构或构件不能保持稳定平衡状态的现象,称为失稳。

在设计和分析机械结构时,通常是以载荷大小作为评价稳定性的一种判据。由稳定平衡到非稳定平衡过渡的分界点为临界平衡状态,这时对应的载荷称为临界载荷,它是稳定性分析中最为关心的对象。机械结构的强度、刚度分析一般是在保证原来平衡状态不变的前提之下进行的,所以对某些可能会发生失稳的结构或部件应进行稳定性分析。

## 3.3　流体力学在汽车外形上的应用

流体力学中研究最多的流体是水和空气。除水和空气以外,流体还指作为汽轮机工作介质的水蒸气、润滑油、地下石油、含泥沙的江水、血液、超高压作用下的金属和燃烧后产生成分复杂的气体、高温条件下的等离子体等。气象、水利的研究,船舶、飞行器、叶轮机械和核电站的设计及其运行,可燃气体或炸药的爆炸,汽车制造,以及天体物理的若干问题等,都广泛地用到流体力学的知识。许多现代科学技术所关心的问题既受流体力学的指导,同时也促进了它不断地发展。流体力学的主要基础是牛顿运动定理和质量守恒定理,常常还要用到热力学知识,有时还用到电动力学的基本定律、本构方程和高等数学、物理学、化学的基础知识。

高速列车能够在空气的包围中高速行驶,飞机能够在空气中飞行,轮船螺旋桨的效率问题,液压系统的工作,其中就涉及流体力学的知识。为此,需要了解流体的性质、空气阻力的形成、流体和机械的关系。

空气阻力是导致汽车耗油量大的主要原因。空气阻力和空气阻力系数成比例关系,而汽车外形决定了空气阻力系数。20 世纪 70 年代能源危机后,各国为了进一步节约能源,降低油耗,都致力于优化外形以降低空气阻力系数。试验表明,空气阻力系数每降低 10%,燃油节省 7%左右。图 3.30 所示为汽车进行风阻测试。

图 3.30　汽车进行风阻测试

汽车发明于 19 世纪末,其最早的车身造型基本上沿用了马车的形式,因此称为"无马的马车"。1908 年福特推出 T 型车时,车身由原来的敞开式改为封闭式,可防风、雨和灰尘,其舒适性、安全性都有很大提高。美国福特汽车公司在 1915 年生产出一种不同于马车型的汽车,其外形特点很像一只大箱子,并装有门和窗,人们称这类车为"箱型汽车"。当时人们认为汽车的阻力主要来自前部对空气的撞击,因此早期的汽车后部是陡峭的,阻力系数($C_D$)很大,约为 0.8。

实际上汽车阻力主要来自后部形成的尾流,称为形状阻力。1934 年,流体力学研究中心的雷依教授,采用模型汽车在风洞中试验的方法测量了各种车身的空气阻力,这是具有历史意义的试验。同年,美国的克莱斯勒公司首先采用了流线型的车身外形设计。而且波尔舍与德国汽车协会开始对样车进行重点测试,用最苛刻的条件,进行 16 万 km 的试车,证明这种轿车是技术上的惊人之作。1937 年,德国设计天才费尔南德·保时捷开始设计类似甲壳虫外形的汽车。保时捷博士最大限度地发挥了甲壳虫外形的长处,使"大众"汽车成为当时流线型汽车的代表作。从 20 世纪 30 年代流线型汽车开始普及到 20 世纪 40 年代末的 20 年间,是甲壳虫型汽车的"黄金时代"。甲壳虫型汽车的阻力系数降至 0.6。

1945 年,福特汽车公司重点进行新车型的开发,经过几年的努力,终于在 1949 年推出了具有历史意义的新型福特 V8 型汽车。因为这种汽车的车身造型颇像一只小船,所以人们称它为"船型汽车"。福特 V8 型汽车的成功之处不仅仅在于它在外形设计上有所突破,而且它还首先将人体工程学的理论引入到汽车的整体设计上,取得了令人较为满意的结果。福特公司的那种具有行李箱的四门四窗的轿车,已被全世界确认为轿车的标准形式。船型汽车的阻力系数为 0.45。

1952 年,美国通用汽车公司的别克牌轿车开创了鱼型汽车的时代。鱼型汽车的背部和地面所成的角度比较小,尾部较长,围绕车身的气流也就较为平顺些,车身侧面的形状阻力较小,所以涡流阻力也相对较小。但也同时存在着一些致命的弱点:一是由于鱼型车的后窗玻璃倾斜得过于厉害,导致强度有所下降,产生了结构上的缺陷;二是当高速行驶时汽车受到的升力较大。鱼型车的阻力系数为 0.3。

鉴于鱼型汽车的缺点,设计师在鱼型汽车的尾部安上了一个上翘的"鸭尾巴"以此来克服一部分空气的升力,这便是"鱼型鸭尾式"车型。

针对"鱼型鸭尾式"车型较大的升力,设计师最终找到了一种新车型——楔形。这种车型就是将车身整体向前下方倾斜,车身后部像刀切一样平直,这种造型能有效地克服升力。图 3.31 所示为汽车阻力系数随汽车外形的变化示意图。

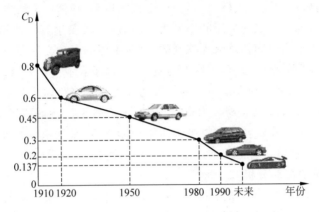

图 3.31　汽车阻力系数随汽车外形的变化

楔形造型主要在赛车上得到广泛应用。因为赛车首先考虑流体力学(空气动力学)等问题对汽车的影响,车身可以完全按楔形制造,而把乘坐的舒适性作为次要问题考虑。如 20 世纪 80 年代的意大利法拉利跑车,就是典型的楔形造型。楔形汽车的阻力系数为 0.2。

20 世纪 90 年代后,科研人员研制开发的未来型汽车,阻力系数仅为 0.137。由此可知,汽车运行时,车尾的气流实际上是对车的速度有极大影响的。汽车尾部越是陡,则气流越是在尾后上升的厉害,则造成的阻碍越大。目前在汽车外形设计中,流体力学性能研究已占主导地位,合理的外形使汽车具有更好的动力学性能和更低的耗油率。

## 3.4　振动力学及工程应用

振动是日常生活和工程中普遍存在的现象,是指物体经过它的平衡位置所作的往复运动。一般来说,振动系统通常包括存储势能的元件(如弹簧)、存储动能的元件(如质量块)和一个耗能元件(如阻尼器)。对于任何机械设备来说,振动现象是普遍存在的,尤其是脉动载荷作用下的机械、往复式机械和旋转机械,不可避免地要产生振动。振动对机械系统的影响是不可低估的,机床的振动会影响被加工零件的精度,振动会使精密仪器、仪表的精度下降,特别是随着工业和科学技术的迅速发展,机械产品和工程结构向着高速、精密、巨型发展,由于高速及巨型会产生很大的惯性力,使振动问题更加突出,而这与精密性要求是矛盾的。如果激励载荷的频率接近承载机械结构或构件的某阶固有频率时,会产生共振现象。

在阻尼十分小的情况下,共振振幅在理论上可以达到非常大,往往造成机械或结构的彻底破坏。所以在机械设计中必须注意使激励频率尽量错开系统的固有频率或适当增加系统的阻尼来防止共振现象的产生。

机械系统发生振动的同时,不同频率、不同强度的信号规则地混合在一起就形成了噪声。噪声不仅对机械操作者的身体健康造成严重伤害,对环境也是一种污染,还可能引起机械本身的疲劳破坏,所以在机械设计和运行控制中往往把减振与降噪共同予以考虑。

另一方面,振动也可以为人所利用,比如热矿筛、旋振筛、脱水筛等各种各样的筛分设备就是运用振动的知识和筛分部件将不同大小不同类型的物品区分开来,以减少劳动力和提高生产效率。例如热矿筛采用带偏心块的双轴激振器,双轴激振器两根轴上的偏心块由两台电动机分别带动做反向同步旋转,使筛箱产生直线振动,筛体沿直线方向作周期性往复运动,从而达到筛分目的。又如南方用的小型水稻落谷机,机箱里有一块筛网,由发动机带动连杆做往复运动,当水稻连同稻草落入筛网的时候,不停的振动会让稻谷通过筛网落入机箱存谷槽,以实现稻谷与稻草的分离,节约人力资源,提高了农业生产效率。

输送设备运用到机械振动也是很多的。输送设备就是将物体从一个地方通过输送管道输送到另一个地方的设备,以节约人力资源,提高生产效率。例如广泛用于冶金、煤炭、建材、化工等行业中粉末状及颗粒状物料输送的振动输送机,采用电动机作为优质动力源,使物料被抛起的同时通过输送管道向前运动,达到输送的目的。

**1. 大型汽轮机的振动分析**

工程中旋转机械是常见的,如汽轮机、离心压缩机、电动机、水泵机械等。旋转机械中的旋转部件称为转子,转子连同它的轴承和支座等合称转子系统,它是旋转机械的工作主体。而转子在制造和装配的过程中,不可避免地存在局部的质心偏移。当转动时,这些偏心质量产生的离心力就成为一种周期性的激振力作用在转子上,产生强迫振动。当激振力的频率和转子系统转动时的固有频率接近时,转子就产生共振,这时候的转速称为转子的临界转速。在运行过程中表现为:在这些特定转速下运行,转子会发生剧烈振动,而当转速离开这些特定转速值一定范围后,旋转又趋于平稳。如果转子在临界转速下运行,轻则使转子振动加剧,重则造成事故,特别是平衡较差时振动更大,可能导致叶片碰伤或折断,轴承和汽封损坏,甚至造成断轴等重大事故。汽轮机研究和生产部门十分重视汽轮机临界转速的计算和实验,一般装备了计算临界转速的高精度专用程序,而这些软件的编制充分应用了力学中机械振动的理论、分析方法和数值计算方法。

**2. 内燃机的振动分析**

内燃机是以曲柄-连杆机构为主要结构形式、以往复运动为特点的热动力机。其工作特点是间歇性的周期循环,每回转一周(二冲程)或两周(四冲程)完成一次工作循环。内燃机每一次工作循环有一次燃料着火爆发过程,这使得内燃机中的零部件承受周期性的变化力作用;同时周期性更换汽缸中气体的过程,使得内燃机的进、排气气流具有很大的波动性;而内燃机不平衡性结构的转动会产生惯性力。这一切都是内燃机在运转中引起振动和噪声的激励来源。

内燃机由其工作结构和原理决定了其工作不平稳的特性,如不精心设计将会发生整机振动、曲轴系的扭转振动、轴向振动或横向振动。振动将引起以下严重后果:

(1) 零部件之间发生剧烈撞击而破坏;

（2）曲轴及附件产生过大的交变扭矩、拉压或弯曲应力而发生疲劳破坏；

（3）轴系破坏；

（4）引发载体（车辆、船舶等）的振动；

（5）产生很大的噪声。

为减小振动，一般需要采取一系列措施，如改善内燃机与曲轴运转的平衡性、加装减振器、采用隔振装置等。所有这些措施都要经过力学分析才能确保其合理，从而得以实现良好的减振效果。

# 思 考 题

3.1　刚体是如何定义的？

3.2　静力学在工程中有哪些应用？

3.3　刚体运动学的基本模型有哪些？

3.4　机构运动学分析常用方法有哪些？

3.5　刚体动力学研究目的和方法是什么？

3.6　机械动力学在工程中有哪些应用？

3.7　机械振动发生的原因是什么？

3.8　疲劳破坏的概念是什么？它对工程有什么影响？

3.9　流体力学对汽车外形设计有什么影响？

# 拓 展 资 料

## 塔科马大桥与冯·卡尔曼涡街

塔科马大桥（也称塔科马海峡大桥，Tacoma Narrows Bridge）是一座跨海悬索桥，于1940 年 7 月 1 日建成通车，姿态苗条，造型优美，号称当时世界第三大桥。塔科马大桥坐落在美国华盛顿州西部塔科马市，从塔科马峡谷到吉格港（Gig Harbor），全长 5939ft（约1810.56m），主跨度853.4m，桥宽11.9m，工程耗资 640 万美元，外号"飞驰盖地"（Galloping Gertie）。当时这座桥梁的设计师设计这座桥可以抗 60m/s 的风速，然而，非常不幸，桥造好刚刚四个月，就在 19m/s 的小风吹拂下塌掉了。

### 1. 大桥的坍塌

大桥通车之前，就已经发现遇风摇晃的现象，因此通车后一直有专业人员进行监测。1940 年 11 月 7 日上午，7:30 测量到风速38mile/h（约 61km/h），到了 9:30 风速达到42mile/h（约 68km/h），引起大桥波浪形的有节奏的起伏，有人目睹为 9 个起伏。10:03 突然大桥主跨的半跨路面一侧被掀起来，引起侧向激烈的扭动，另半跨随后也跟着扭动（注意：这时候大桥运动发生实质性的变化）。10:07 扭动大到半跨路面的一侧翘起达 28ft（约8.5m），倾斜45°。10:30 大桥西边半跨大块混凝土开始坠落，11:02 大桥东边半跨桥面下坠，11:08 大桥最后一部分掉进大海。

图 3.32 就是塔科马大桥坍塌时的惨状。这幅照片是大桥主跨第一片混凝土坠落后几分钟拍摄的，可以从图中看到 600ft（约 123m）长的大桥片段正在往下掉。图的右上方还可

以看到一辆束手无策的小汽车。

图 3.32　塔科马大桥坍塌时的惨状

### 2. 大桥扭振的物理描述

（1）大桥结构

塔科马大桥全长 5939ft(约 1810.56m)，大桥两个支撑桥塔之间的长度 2800ft(约 853.4m)，桥宽 39ft(约 11.9m)，桥边墙裙深 8ft(约 2.4m)。

塔科马大桥的结构中很重要的特点是加劲梁没有采用桁架结构，而是采用钢板梁，大桥质量得以减轻许多。桥边墙裙采用实心钢板。两边墙裙与桥面构成 H 形结构。大桥边缘的钝形结构，成了挡风的墙，为在一定条件下形成冯·卡尔曼涡脱准备了空间物理条件。

再一个特点就是塔科马大桥跨宽比为 72∶1，与同类大桥相比较大，例如 1935 年建成的乔治华盛顿大桥跨宽比为 33∶1,1937 年建成的金门大桥为 47∶1,1939 年建成的布朗克斯白石大桥为 31∶1。可见塔科马大桥的桥面过于狭窄。这点几乎就是塔科马大桥的命门。

（2）大桥的扭振模式

1940 年 11 月 7 日上午 7∶00,观察到一阵风速为 38mile/h(约 17.2 m/s)的风，这阵风不算很大，却激发起大桥横向振动模式，近似于正弦波形，振幅 1.5ft(约 0.45m)，持续了 3 个多小时。这时，振动是有节奏的，也是平稳的。根据观察分析，当时大桥主跨以 36 次/min(0.6Hz)的振动频率振动，桥面横向扭曲成 9 段，见图 3.33。

图 3.33　塔科马大桥在 38mile/h 风速的振动模式

这时的实际场景是大桥一边的人可以看到大桥另一边的起伏景象，这种起伏呈周期性，具有正弦型特征。

9:30 时，风速增大到约 42mile/h(约 19m/s)，中部悬挂缆激烈晃动，形成载荷失衡，大桥发生频率为 14 次/min,即 0.2Hz 扭振模式。大桥像麻花一样扭振，将大桥的主跨分成两半跨，一半跨按逆时针扭，另一半跨按顺时针扭。

由于大桥路面的弹性应力，两个半跨扭到一定程度，就反弹回来，原来按逆时针扭的半跨向顺时针扭，原来按顺时针扭的另半跨向逆时针扭。这样往复交替进行。主跨两半中间有一条线,就是"节线",沿着这条节线没有任何扭转发生。随着持续的风吹,跨边上下翘起的最大幅度越来越大,以指数级增大,仅十几分钟,振幅就达到 28ft(8.5m)。大幅扭振最终导致大桥在震耳欲聋的怒吼声中坍塌。

这时的实际场景是大桥左边比大桥右边高出许多,桥面呈周期性麻花型扭曲,具有扭振型特征,桥面上的汽车正被甩来甩去,见图 3.34。

图 3.34　大桥呈扭振弯曲的场景

(3) 大桥建造背后的启示

塔科马大桥最初设计计划将 25ft(约 7.6m)深的钢梁打入路面下方,使大桥路面硬化。这时,著名的金门大桥设计总顾问莫伊塞夫(Leon Moisseiff)提出,为使大桥更优雅、更具观赏性,建议采用 8ft(约 2.4m)深的浅支撑梁,大桥最终采用了莫伊塞夫的设计方案。这个方案使用的钢梁变窄,但是路基刚度大为下降,从而埋下了致命的隐患。

尽管大桥设计抗风能力达到 120mile/h,但是大桥合拢后,只要有 4mile/h 的相对温和的小风吹来,大桥主跨就会有轻微的上下起伏(4~5ft),以至于正在施工的工人需要咀嚼柠檬来防止大桥波动带来的眩晕。

这种波动是横向共振现象,沿着桥长方向扭曲,桥面的一端上升,另一端下降。在桥上驾车的司机,可以看到桥的另一端上的汽车随着桥面的跳动,一会儿消失一会儿又浮现出来的奇观。因此大桥通车后,这种现象竟成一道风景线,吸引远道而来的人们前往观赏,甚至感觉像坐过山车一样。

但是,这种跳动却给大多数开车司机带来不舒服的感觉。因此,大桥管理部门也采取过捆绑缆绳,安装液压缓冲器等措施,通通无济于事。而且,设计师们认为这种波动不会引起严重后果,并误信结构上是安全的,根本没有想到过大桥的纵向振动问题,即大桥两边的扭动。

华盛顿大学的法库哈逊(Farquharson)应邀在当年 9 月到 11 月初相继用风洞对 8ft 长和 54ft 长的大桥模型进行实验测试,研究大桥扭振原因和补救办法。法库哈逊从实验中嗅出大桥扭振的潜在破坏性,提出临时捆绑缆绳到边跨,以减少跳动。后来又提出在大桥边墙裙上挖洞,并在墙裙外安装一些倾斜的挡板,意图改变风对大桥的严重影响。大桥管理部门草拟方案准备采取补救施工,但是还来不及补救,大桥就坍塌了。

根据目测者描述,和模型实验分析相同,大桥振动大体经历两种振动模式,一种是一般的横向受迫振动,基本上是正弦型波动。另一种是纵向扭振,振幅在短时间内迅速增大,后来有人研究称振幅按指数增大,振幅大到超过大桥的扭曲刚度,引起坍塌。所以,后来新建悬索大桥时,必须经过风洞实验。

### 3. 祸首——冯·卡尔曼涡街

(1) 众说纷纭的驱动之源

塔科马大桥设计中存在一些致命的缺陷,相对于主跨长度而言,路基过窄,它的跨宽比是所有大跨度悬索桥中最大的,大桥路基两边实心的板状墙裙和路基材料硬度不够。因此塔科马大桥具有两大根本缺点,实心墙裙成了挡风之墙,垂直方向过分柔软,容易引起扭曲。然而,驱使塔科马大桥坍塌的准确的理论原因,专家们争论不休,主要看法有三种:

① 随机湍流。

简单说来,早期有人认为风压形成一种强迫力,强迫力频率与大桥的固有频率相同或相近,产生大尺度振荡。实际观察中,大桥的振荡是稳定振荡,而湍流却随时间发生无规则变化,难以解释。

② 周期性涡旋脱落。

冯·卡尔曼认为,塔科马桥的主梁有着钝头的 H 型断面,和流线型的机翼不同,存在着明显的涡旋脱落,应该用涡激共振机理来解释。冯·卡尔曼1954年在《空气动力学的发展》一书中分析:塔科马海峡大桥的毁坏,是由周期性旋涡的共振引起的。20 世纪60 年代以来,不少计算和实验为冯·卡尔曼的分析提供了证据。但是,实际观察表明大桥的扭振频率为 0.2Hz,而有的模型计算表明,旋涡脱落频率为 1Hz。频率的 5 倍差距,致使涡旋脱落作为理论解释的主因,不尽满意。

③ 空气动力不稳定性引起的自激颤振。

假定以大桥的半跨进行分析,风往往不是完全沿水平方向吹向大桥桥面,比如从下往桥面向上吹,形成仰角,下面风压高于上面的气压,产生升力,桥面开始顺时针扭转,迎风的前缘向上转,后缘向下转。同时桥面的弹性产生应力,使桥面反方向扭转,而且越过原来位置。这时,桥面前缘在下,后缘在上,上面风压高于下面的气压,产生升力,使桥面开始逆时针扭转。这个过程一再反复,大桥不停地来回振荡。以至大桥材料疲劳超过极限,最终坍塌。

(2) 祸首在卡尔曼涡旋

大桥坍塌后,美国成立了一个大桥事故调查委员会,世界著名空气动力学家,古根海姆航空实验室主任西奥多·冯·卡尔曼(Theodore von Kármán)是这个委员会的委员。冯·卡尔曼对事故进行了深入分析,并撰写了一篇短文《塔科玛海峡大桥的坍塌》(*Collapse of the Tacoma Narrows Bridge*)。文章描述了一些有参考价值的情况。

令人震惊的是在大桥已经坍塌情况下,官方仍有人认为大桥建造没有问题。当晚,冯·卡尔曼用橡皮泥捏了一个桥梁模型,放在桌上用电风扇平吹,桥梁模型在微风下开始摇动,不断改变风速、位置、角度,发现在某个特定风速下,桥梁模型开始振荡,呈现不稳定性。

由此,冯·卡尔曼猜测塔科马桥灾难的"祸首在卡尔曼涡旋"。"显然,大风吹到大桥的实心板边墙上时,气流会在边墙后面周期性发放涡旋,引起大桥振动,最后将大桥发放到厄运来临。"

1954 年他在《空气动力学的发展》一书中写道:塔科马海峡大桥的毁坏,是由周期性旋涡的共振引起的。设计的人想建造一个较便宜的结构,采用了平板来代替桁架作为边墙。

不幸,这些平板引起了涡旋的发放,使桥身开始扭转振动。这一大桥的破坏现象,是振动与涡旋发放发生共振而引起的。

(3) 冯·卡尔曼涡街

① 水流遇到钝状物体后的行为研究。

1911 年一次偶然机会,正在哥廷根大学工作的冯·卡尔曼认真考虑一个定常的水流遇到圆柱体后流动的行为。冯·卡尔曼利用周末时间,用粗略的模型进行计算,结果表明,在恰当条件下,圆柱体后会产生围绕着原来位置作微小的环形路线运动的涡旋。在导师普朗特教授建议下,冯·卡尔曼写下了关于圆柱体后尾流问题的第一篇论文。接着,他用更复杂的数学模型继续研究,并写出了第二篇论文,论述“一个所有涡旋都能移动的涡系”。在这些研究中冯·卡尔曼描述了水流在圆柱体后产生涡旋脱落现象,提出了有关涡街的理论。

② 冯·卡尔曼涡街的物理描述。

一股流体,如水流以一定常速度流动,遇到圆柱一类的钝状物体(非流线型)阻碍,水流被分成两股绕过圆柱,继续向前流,不过在圆柱后面形成一股尾流。尾流的形状称为尾迹。调节水流的速度和圆柱的大小,尾迹也会呈现不同形状。在一定的条件下,尾迹会从稳定变成不稳定。圆柱后面开始有旋转的小水团,称为涡旋,从尾流中脱落出来。有人形容涡旋像猫眼一样。这种涡旋脱落,也称为涡脱。圆柱体两边的分叉水流都会周期性地脱落出涡旋,一边一个交替脱落出来,一边的涡旋顺时针方向旋转,另一边的涡旋逆时针方向旋转,有规则地排列成双排,称为双列线涡。两列线涡分别保持自身的运动前进,互相干扰,互相吸引,而且干扰越来越大,形成一连串非线性的涡旋流。由于其形如街道两边的路灯,称为涡街。这个现象首先由冯·卡尔曼教授提出,所以称为冯·卡尔曼涡街,也简称卡尔曼涡街,见图 3.35。

图 3.35　卡尔曼涡街

可以看到,脱落出来的涡旋,传送一定距离后,因为水流黏滞性,涡旋的能量逐步消耗,最终消失。涡旋发放,虽然具有周期性,但是两边交替发放,一边先发放一个涡旋,另一边再发放一个涡旋。这种不对称交替发放,在两边造成不对称压力分布。显然,周期性的交替力就能引起物体周期性振动。

为了防止涡街带来的危害,不少工业、军事、建筑结构需要在结构尾部像鱼一样“装”上尾鳍,形成流线形。

③ 卡尔曼涡街条件。

流体遇到钝状物体阻挡,一定有尾流产生,但不见得一定产生涡旋脱落,形成涡街。显然,形成涡街的条件一定与流体速度和运动黏滞性有关,也取决于钝状物体的大小和几何形

状。为了研究这个条件,需要引进一个物理量,这就是雷诺数,符号为 $Re$,量纲为 1。$Re$ 定义为

$$Re = \frac{Vd}{v}$$

其中:$d$ 为阻挡物体的宽度,对于圆柱体就是直径;$V$ 为相对于阻挡物体的流体速度,对于水流就是水速;$v$ 为流体的运动粘度。

只有大雷诺数时,才会发生卡尔曼涡街。大雷诺数的典型值为 90。对于水流、圆柱体的情况,大雷诺数的范围为 $47 < Re < 10^7$。

捷克物理学家斯德鲁哈尔(Vincenc Strouhal,1850—1922)曾经提出过一个对于圆柱体情况的经验公式,

$$\frac{fd}{V} = 0.198\left(1 - \frac{19.7}{Re}\right)$$

其中:$\frac{fd}{V}$ 称为斯特劳哈尔数(Strouhal number),$f$ 是涡脱频率。当雷诺数在 $250 < Re < 2 \times 10^5$ 的范围内,这个经验公式与实际符合得非常好。有人根据这个公式估计塔科马大桥的涡脱频率为 1Hz。而目测塔科马大桥扭振频率为 0.2Hz,因而有人对塔科马大桥坍塌的原因有异议。

(4) 涡旋脱落形成垂直驱动

美丽的涡街是大桥的祸害。塔科马大桥桥面和梁构成 H 型几何外形。桥边实心板状墙裙就是钝状阻碍物,风吹到桥边时遇到板状墙裙,气流流过板墙被分成两股,分别在桥的上下两个半 H 后面形成尾流。当风速达到 42mile/h(约 19m/s)时,雷诺数超过 100。这个尾流中涡旋开始脱落,由于桥面上下两边墙裙高度不一样,因此两边脱落的涡旋大小、速度不一样,在桥面两边产生压力差。

图 3.36 所示是大桥涡旋脱落的计算机模拟示意图。深色表示涡旋压力大,浅色表示涡旋压力小。(a)表示涡脱开始时,深色涡旋在大桥下面,浅色涡旋在大桥上面。因此这时,大桥左边下面的涡旋压力大于大桥左边上面的涡旋压力,(b)大桥半主跨的左边往上翘起。一旦翘起,风与大桥形成仰角,风又形成一个压力,立即增大对大桥的升力。(c)脱落涡旋向前运动,这时浅色涡旋在大桥右边下面,深色涡旋在大桥右边上面。大桥右边上面的涡旋压力大于大桥左边下面的涡旋压力,继续增大左边向上、右边向下的幅度。形成正反馈。(d)大桥本身具有一定扭曲刚度,使得大桥桥面反弹。涡脱有一定的周期性,交替出现。这时,如果涡脱频率与大桥扭振频率一致,情况正好反过来,左边向下、右边向上,形成横向振动。这里根据的计算机模拟,对驱动大桥扭振原因作粗略描述,实际情况复杂得多。完全精确描述,是一个非线性问题。

需要阐述的是大桥在扭振间,两个半跨是朝相反方向扭,这个半跨左翘右降,那个半跨就右翘左降,中间有一根线是不动的,这根线就是节线。节线两边产生不同方向的周期性旋扭,形成扭振。有人根据大桥模型的风洞实验,观察、分析,发现大桥一旦发生扭振,扭振振幅按指数迅速增大。塔科马大桥实际情形是,9:30 开始扭振后,十几分钟内,振幅便增大到 28ft(8.5m)。1 小时后,10:30 开始垮塌,11:08 全部坍塌。

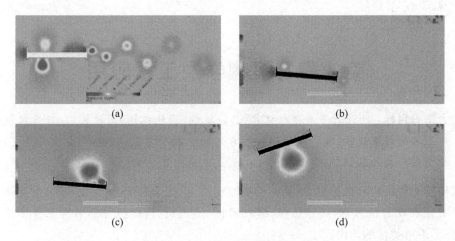

(a)　　　　　　　　　　　　(b)

(c)　　　　　　　　　　　　(d)

图 3.36　大桥涡脱驱动的计算机模拟

# 第4章 机构学及工程应用

**能力培养目标**：通过对平面连杆机构、凸轮机构、齿轮机构、间歇机构、自锁机构等的构成及工作原理的详尽说明，使学生认识一些常用的机构类型，通过列举其应用实例，培养学生对各种常用机构的认识，针对不同的运动形式能选用不同的机构来实现。

机构学又称机构和机器理论（简称机械原理）。机构学对于18世纪和19世纪产生的各类工作机械和动力机械，如纺织机械、缝制机械、蒸汽机、内燃机等的结构完善和性能的完善，发挥了不可替代的作用。

机械的核心是机构，现代机构学的分析与综合的理论、方法是机械产品发明、创造的手段，是提高我国机械产品水平和增强市场竞争能力的关键。机械的创新设计和性能提高，离不开机构学。

机器的主体部分是由若干机构组成的，一部机器可包含一个或若干个机构，因此机构是研究机器的核心。不同的机构可以实现不同的运动，也可以实现相同的运动，同一机构经过巧妙的改造能够获得和原来不同的运动或动力特性。

## 4.1 机构要素

机器是执行机械运动的装置，用以变换或传递能量、物料和信息。机构是指由两个或两个以上构件通过活动联接形成的构件系统。机构要素包括构件和运动副。

### 1. 构件

组成机构的运动单元体称为构件，构件可以是一个零件，也可以是若干零件连接在一起的刚性结构。构件可以分为三类：一类是固定构件（机架），主要用来支撑活动构件。另一类构件是原动件，是运动规律已知的活动构件。原动件的运动是由外界输入的，又称为主动件。最后一类称为从动件，是机构中随原动件运动而运动的其余活动构件。

### 2. 运动副

在机构中，每一构件都以一定方式与其他构件相互联接。这种使两构件直接接触的可动联接称为运动副。按运动副的接触形式，运动副可以分为低副和高副。其中以面接触的运动副为低副，而以点、线接触的运动副称为高副。如图4.1所示的转动副和移动副都属于低副。图4.2所示的齿轮副属于高副。

### 3. 机构运动简图

机构的运动仅决定于运动副的类型和位置，而与构件的形状无关，因而描述机构运动原理的图形，可以用表征运动副类型和位置的简单符号以及代表构件的简单线条来画出。如果要准确地反映机构运动空间的大小或要用几何作图法求解机构的运动参数，则运动副的位置要与实际机构中的位置相同或成比例关系，这样画出的简图称为机构的运动简图。常用运动副、构件的表示法见表4-1。

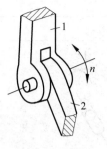　　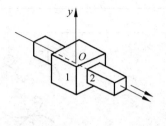　　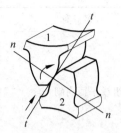

图 4.1　转动副和移动副　　　　　　　　图 4.2　齿轮副

**表 4.1　构件和运动副简图表示**

| 名　称 | 符　号 |
| --- | --- |
| 轴和杆状构件 | |
| 机架 | |
| 两运动构件组成移动副 | |
| 两运动构件组成转动副 | 运动平面平行于图纸　　　运动平面垂直于图纸 |
| 与机架组成移动副 | |
| 与机架组成转动副 | 运动平面平行于图纸　　　运动平面垂直于图纸 |
| 1 个构件上有 3 个转动副与其他构件连接 | |
| 构件的固定连接 | |

| 名　称 | 符　号 |
|---|---|
| 两构件组成平面高副 | |
| 与机架相连的摆动滑块 | 对心式　　　　　　　偏置式<br> |
| 外啮合圆柱齿轮 | |
| 齿轮齿条啮合 | |

## 4.2　平面连杆机构及工程应用

连杆机构是由刚性构件用低副连接而成的。它是一种应用十分广泛的机构,例如机器人的行走机构、内燃机的做功机构、自卸车车厢的举升机构、车辆转弯机构及机械手和机器人等都巧妙地利用了各种连杆机构。连杆机构可分为平面连杆机构和空间连杆机构。其中前者应用更为广泛。

连杆机构的主要优点如下:

(1) 运动副为面接触,压强小,承载能力大,耐冲击,易润滑,磨损小,寿命长;

(2) 运动副元素简单(多为平面或圆柱面),制造比较容易;

(3) 运动副元素靠本身的几何封闭来保证构件运动,具有运动可逆性,结构简单,工作可靠;

(4) 可以实现多种运动规律和特定轨迹要求。

连杆机构存在的缺点:

(1) 由于连杆机构运动副之间有间隙,当使用长运动链时,易产生较大的积累误差,同时也使机械效率降低；

（2）不易高速转动，以免产生动载荷；

（3）受杆数的限制，连杆机构难以精确满足很复杂的运动规律。

平面连杆机构的应用主要体现在以下几个方面：通过变换运动形式，把转动转变为移动；实现较复杂的平面运动；放大传动。运动副均为转动副的四杆机构称为铰链四杆机构，它是平面四杆机构的基本形式，如图 4.3 所示。在铰链四杆机构中，固定不动的构件 $AD$ 称为机架，直接和机架相连的构件 $AB$、$CD$ 称为连架杆，不与机架直接相连的中间构件 $BC$ 称为连杆。连架杆 $AB$、$CD$ 通常绕自身的回转中心 $A$、$D$ 回转，如果能做整周回转的连架杆则称为曲柄，仅能在一定范围内作往复摆动的连架杆称为摇杆。

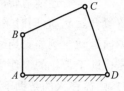

图 4.3　平面四杆机构

连杆机构中构件运动形式具有多样性，因此利用连杆机构可以获得多种形式的运动，因此连杆机构在工程实际中被广泛应用。

## 4.2.1　曲柄摇杆机构

若铰链四杆机构的两个连架杆一个是曲柄，另一个是摇杆，则该四杆机构称为曲柄摇杆机构。曲柄摇杆机构的主动件可以是曲柄，也可以是摇杆。若主动件是曲柄，曲柄摇杆机构能将曲柄的整周回转转变为摇杆的往复摆动；若摇杆是主动件，曲柄摇杆机构将摇杆的往复摆动转换为曲柄的整周回转运动。曲柄摇杆机构在机械工程中应用非常广泛，如雷达设备、搅拌机、缝纫机、颚式破碎机等。

### 1. 颚式破碎机中的曲柄摇杆机构

颚式破碎机主要由固定颚板、活动颚板、机架、上下护板、调整座、动颚拉杆等组成。工作时，活动颚板对固定颚板做周期性的往复运动，时而靠近，时而离开。当靠近时，物料在两颚板间受到挤压、劈裂、冲击而被破碎；当离开时，已经被破碎的物料靠重力作用而从排料口排出。

如图 4.4 所示的颚式破碎机机构，当皮带轮带动偏心轴转动时，悬挂在偏心轴上的动颚在下部与推力杆相铰接，使动颚做复杂的平面运动。在动颚和固定颚上均装有颚板，颚板上面有齿。此类颚式破碎机机构是通过固定在连杆上的动颚将矿石压碎的。

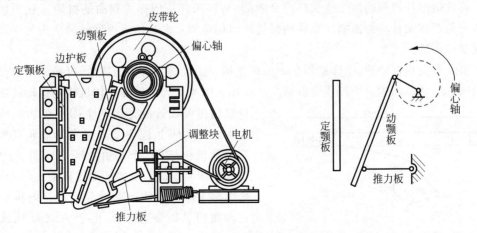

图 4.4　颚式破碎机结构及简图

**2. 工件夹具中的曲柄摇杆机构**

在图 4.5 示曲柄摇杆机构中,若摇杆为主动件,而曲柄为从动件,则当摇杆摆动到极限位置 $C_1D$ 或 $C_2D$ 时,连杆与从动件曲柄共线,通过连杆加于从动件上的力将经过铰链中心 $A$,驱动力对从动件的有效回转力矩为零,这个位置称为机构的死点位置,也就是机构中从动件与连杆共线的位置称为机构的死点位置。

对于需连续运转的机构来说,如果存在死点位置,则对传动不利,必须避免机构由死点位置开始起动,同时采取措施使机构在运动过程中能顺利通过死点位置并使从动件按预期方向运动。例如家用缝纫机中的曲柄摇杆机构(将踏板往复摆动变换为带轮单向转动),就是借助于带轮的惯性来通过死点位置并使带轮转向不变的。而当该机构正好停于死点位置时,则需在人的帮助下用手转动带轮来实现由死点位置的再次起动。

四杆机构是否存在死点位置,决定于连杆能否运动至与转动从动件(摇杆或曲柄)共线。当原动件与连杆共线时为极位。在极位附近,由于从动件的速度接近于零,故可获得很大的增力效果。在工程实际中,常常利用机构的死点来实现特定的工作要求,如对某些夹紧装置可用于防松。在曲柄摇杆机构中,当摇杆为主动件时,存在曲柄和连杆共线的位置就是死点位置。如图 4.6 所示铰链四杆机构,当工件 5 被夹紧时,铰链中心 $B$、$C$、$D$ 共线,工件加在杆 1 上的反作用力 $F_n$ 无论多大,也不能使杆 3 转动。这就保证在去掉外力 $F$ 之后,仍能可靠地夹紧工件。当需要取出工件时,只需向上扳动手柄,即能松开夹具。

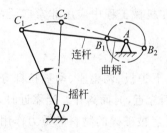

图 4.5　曲柄摇杆机构的死点

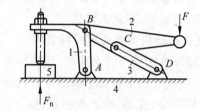

图 4.6　夹紧机构

## 4.2.2　双曲柄机构

若铰链四杆机构的两个连架杆都是曲柄,则该四杆机构称为双曲柄机构。双曲柄机构的特征是两连架杆均为曲柄。双曲柄机构的作用是将一曲柄的等速回转转变为另一曲柄等速或变速回转。

惯性筛又称振动筛,主体机构是双曲柄机构。惯性筛具有构造简单,拆换筛面方便等优点,在煤矿、食品和建材等行业中得到广泛应用。图 4.7 为惯性筛主体机构的运动简图。这个六杆机构也可以看成是由两个四杆机构组成。第一个是由原动曲柄 1、连杆 2、从动曲柄 3 和机架 4 组成的双曲柄机构;第二个是由曲柄 3、连杆 5、滑块 6(筛子)和机架 4 组成的双曲柄滑块机构。

惯性筛主体机构的运动过程为通过电机的转动带动主动曲柄 $AB$ 等速回转,由于 $ABCD$ 构成了一个双曲柄机构,从而在 $AB$ 进行等速转动的时候 $CD$

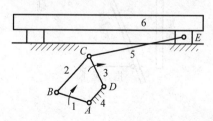

图 4.7　惯性筛机构

进行变速转动,其角速度以及角加速度均可通过曲柄 1 的角速度进行运动学分析求得进而加以控制。

在从动曲柄 CD 变速回转时,带动 CE 杆进行变速运动,从而在 E 处产生水平速度分量,使筛子获得加速度,产生往复直线运动,由于其在运转的过程中具有急回特性(当曲柄为原动件并作等速转动时,从动摇杆空回行程的平均角速度大于其工作行程的平均角速度,摇杆的这种运动特性称为急回特性),其工作行程平均速度较低,空程平均速度较高,筛子内的物料因惯性而来回抖动,从而将被筛选的物料分离。

### 4.2.3　曲柄滑块机构

曲柄滑块机构是一种广泛应用于各种机械的平面机构,可用于活塞式内燃机,空气压缩机,冲床等机械中滑块的往复直线运动,也可用于一些机械的送料装置,如丝网印花机,专用液压压力机等。曲柄滑块机构中,若曲柄为主动件,可以将曲线运动转化为直线运动;如滑块为主动件,可以将直线运动转化为曲线运动。

**1. 送料机中的曲柄滑块机构**

曲柄滑块机构,当曲柄为主动件时,可以完成对物料的输送任务。如图 4.8 所示,曲柄等速转动一周,连杆推动滑块从仓料里推出一个工件。如此循环,即可实现对物料的简单送料。

**2. 缆线爬行机器人机构本体中的双曲柄滑块机构**

图 4.9 所示的机构是常见的结构对称的对心式双曲柄滑块机构,该机构由两套共用一个曲柄的对心式曲柄滑块组成,即两曲柄、连杆的尺寸分别相等。两套对心式曲柄滑块机构以机架 A 为中心呈中心对称分布。该机构两滑块的移动方向始终相对,即此双曲柄滑块机构的两滑块移动方向始终相对,亦即此双曲柄滑块机构的两滑块位移始终是反方向。

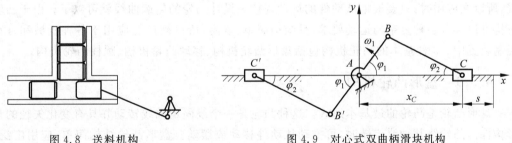

图 4.8　送料机构　　　　　　　　　　图 4.9　对心式双曲柄滑块机构

由于该双曲柄滑块机构具有以上特征,若将该机构进行适当的倒置和变异,得到的机构能实现在缆线上的爬行运动。将图 4.9 机构中的任一滑块作为机架,同时解除曲柄中心的铰链固定,得到其倒置机构;进一步对倒置机构进行变异,用两个单向行走轮代替原机构中的曲柄块,曲柄中心位置铰接一个行走轮,得到新的机构。该机构具有在曲柄转角的各周期内能实现整体爬行的运动特征。

在爬行机构图 4.10 中,行走轮 2 和 3 均为同向运动的单向轮。曲柄转角 $\varphi_1$ 在 0°～180°内,将行走轮 2 固定为机架;以曲柄转角为 0°时作为初始状态,随着曲柄的逆时针转动,行走轮 1 和 3 向前(左)移动(爬行);至曲柄转角为 180°时,曲柄、连杆重合,行走轮 1 爬行至此范围内的最远位置;曲柄转角在180°～360°范围内,将行走轮2松开,同时行走轮3固定为机架;随着曲柄的继续转动,行走轮1继续向前移动;行走轮2也向前移动;至曲柄转角为360°时,曲柄、连杆回到初始状态,该机构完成一个周期内的爬行运动,行走轮1爬行至该周期内的最远位置。重复上述步骤,则该机构能够持续爬行。

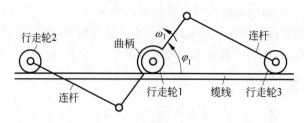

图 4.10　爬行机构本体简图

# 4.3　凸轮机构及工程应用

凸轮机构是由凸轮,从动件和机架3个基本构件组成的。凸轮是一个具有曲线轮廓或凹槽的构件,一般为主动件,作等速回转运动或往复直线运动。与凸轮轮廓接触,并传递动力和实现预定的运动规律的构件,一般作往复直线运动或摆动,称为从动件。

凸轮机构之所以能在各种自动机械中获得广泛的应用,是因为它兼有传动、导引及控制机构的各种功能。当凸轮机构用于传动机构时,可以产生复杂的运动规律,包括变速范围较大的非等速运动,以及暂时停留或各种步进运动;凸轮机构也可以用作导引机构,使工作部件产生复杂的轨迹或平面运动;当凸轮机构用作控制机构时,可以控制执行机构的自动工作循环。

凸轮机构能使从动件获得较复杂的运动规律,而这种运动规律完全取决于凸轮轮廓曲线,所以在应用时,只要根据从动件的运动规律来设计凸轮的轮廓曲线就可以了。由于凸轮机构可以实现各种复杂的运动要求,且结构简单、紧凑,所以被广泛应用于各种机械和自动控制装置中。3种基本的凸轮机构包括盘形凸轮机构、移动凸轮机构、圆柱凸轮机构。

## 4.3.1　盘形凸轮机构

盘形凸轮是凸轮的最基本形式。这种凸轮是一个绕固定轴线转动并具有变化矢径的盘形构件。凸轮绕其轴线旋转时,可推动从动件移动或摆动。盘形凸轮结构简单、应用广泛,但其推杆行程不能太大,否则将使凸轮的尺寸过大,对工作不利,因此盘形凸轮多用在行程较短的传动中。

### 1. 凸轮式手部机构

凸轮式手部机构如图4.11所示。其中滑块1和手指4及滚子2相连接,手指4的动作是依靠凸轮3的转动和弹簧6的抗力来实现的。弹簧6用于夹紧工件5,而工件的松开则是由凸轮3转动并推动滑块1移动来达到。这种机构动作灵敏,但由于由弹簧决定夹紧力的大小,因而夹紧力不大,只适用于轻型工件的抓取。

### 2. 卧式压力机的凸轮机构

卧式压力机的凸轮机构如图4.12所示,主动凸轮1绕固定轴线 $E$ 转动,摆杆2绕固定

轴线 $A$ 转动,其上的滚子 6 沿凸轮 1 的廓线滚动;构件 7 与摆杆 2 和构件 3 分别组成转动副 $C$ 和 $D$,构件 3 绕固定轴线 $B$ 转动,构件 8 与构件 3 和滑块 4 分别组成转动副 $F$ 和 $K$,从动滑块 4 在固定导轨 $f$ 中往复移动;锻压装置的杆 9 和滑块 4 固连。弹簧 5 保证凸轮 1 与摆杆 2 之间的力锁和。

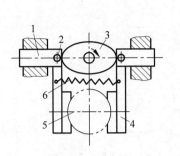
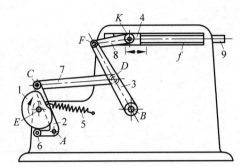

图 4.11　凸轮式手部机构

1—滑块;2—滚子;3—凸轮;

4—手指;5—工件;6—弹簧

图 4.12　卧式压力机的凸轮连杆机构

1—主动凸轮;2—摆杆;3,7,8—构件;4—从动滑块;

5—弹簧;6—滚子;9—杆

## 4.3.2　移动凸轮机构

移动凸轮机构:移动凸轮可视为盘形凸轮的演化型式,是一个相对机架作直线移动或为机架且具有变化轮廓的构件。这种机构的从动件一般是做成杆状,接触凸轮的部分装有滚轮,滚轮在凸轮上滚动,从而带动从动件杆轴向移动。

**1. 冲床装卸料凸轮机构**

冲床装卸料凸轮机构如图 4.13 所示,可以看成是移动凸轮机构,原动凸轮 1 固定于冲头上,当其随冲头往复上下运动时,通过凸轮驱动从动件 2 以一定规律往复水平移动,从而使机械手按预期的输出特性装卸工件。

**2. 仿形刀架机构**

图 4.14 为仿形刀架机构,刀架水平移动时,凸轮的轮廓驱使从动件带动刀头按相同的轨迹移动,从而切削加工出与凸轮轮廓相同的旋转曲面。

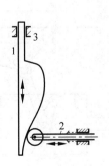
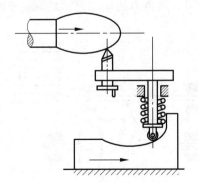

图 4.13　冲床装卸料凸轮机构

图 4.14　仿形刀架

1—凸轮;2—从动件;3—刀架

### 3. 录音机卷带机构

图 4.15 为录音机卷带机构。凸轮 1 随放音键上下移动。放音时,凸轮 1 处于图示最低位置,在弹簧 6 的作用下,安装于带轮轴上的摩擦轮 4 紧靠卷带轮 5,从而将磁带卷紧。停止放音时,凸轮 1 随按键上移,其轮廓压迫从动件 2 顺时针摆动,使摩擦轮与卷带轮分离,从而停止卷带。

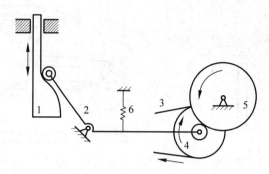

图 4.15　录音机卷带机构

1—凸轮；2—从动件；3—带；4—摩擦轮 ；5—卷带轮；6—弹簧

## 4.3.3　圆柱凸轮机构

圆柱凸轮机构:将移动凸轮卷成圆柱状,成为圆柱凸轮。圆柱凸轮不再作往复直线移动,而是作旋转移动。

### 1. 巧克力送料机构

图 4.16 所示巧克力送料凸轮机构中,当带有凹槽的圆柱凸轮 1 连续等速转动时,通过嵌于其槽中的滚子驱动从动件 2 往复移动,凸轮 1 每转一周,从动件 2 即从喂料器中推出一块巧克力并将其送至待包装位置。

### 2. 机床自动进刀机构

如图 4.17 所示为一机床的自动进刀机构。当具有凹槽的圆柱凸轮 1 回转时,其凹槽的侧面通过嵌于凹槽的滚子 3 迫使从动件 2 绕轴 $O$ 作往复摆动,从而控制刀架的进刀和退刀运动。而进刀和退刀的运动规律则取决于凹槽曲线的形状。

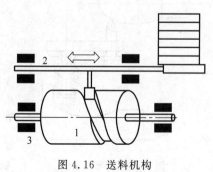

图 4.16　送料机构

1—凸轮；2—从动件

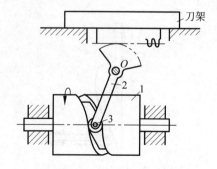

图 4.17　机床自动进刀机构

1—凸轮；2—从动件；3—滚子

随着计算机辅助设计/计算机辅助制造技术的日益普及,新材料与热处理新工艺的发展,凸轮的设计与制造已经变得非常方便和精确,凸轮的使用寿命大幅延长,制造成本不断下降。可以预测,凸轮机构的应用范围将越来越广泛,其工作性能也将获得明显的改善。

## 4.4 齿轮机构及工程应用

齿轮机构是现代机械中应用最广泛的一种传动机构,它可以用来传递空间任意两轴间的运动和动力。与其他传动机构相比,齿轮机构的优点是结构紧凑、工作可靠、传动平稳、效率高、寿命长、能保证恒定的传动比,而且其传递的功率和适用的速度范围大。齿轮机构广泛用于机械传动中,但是齿轮机构的制造安装费用高、低精度齿轮传动的噪声大。

### 4.4.1 齿轮

齿轮的用途很广,是各种机械设备中的重要零件,如机床、飞机、轮船及日常生活中用的手表、电扇等都要使用各种齿轮。齿轮的种类很多,有圆柱直齿轮、锥齿轮、齿轮齿条、螺旋齿轮、蜗轮蜗杆等,如图4.18所示。齿轮是传动件,成对使用以传递扭矩、动力,改变转速和转向。

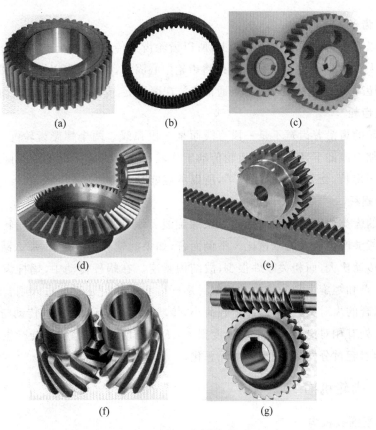

图 4.18 齿轮类型
(a) 外齿直齿轮;(b) 内齿直齿轮;(c) 直齿轮外啮合;(d) 圆锥齿轮啮合;
(e) 齿轮齿条传动;(f) 螺旋圆柱齿轮;(g) 蜗轮和蜗杆

　　齿轮传动的优点主要包括：能保证瞬时传动比恒定,工作可靠性高,传递运动准确可靠;传递的功率和圆周速度范围较宽;结构紧凑,可实现较大的传动比;传动效率高,使用寿命长;维护简便。但齿轮传动也有一定的缺点:运转过程中有振动、冲击和噪声;齿轮安装要求较高;不能实现无级变速;不适宜用在中心距较大的场合。

**1. 直齿圆柱齿轮**

　　直齿圆柱齿轮的齿位于一个圆柱面上。直齿圆柱齿轮是较简单、使用最多的一种齿轮。直齿轮可分为外齿直齿轮和内齿直齿轮两种。

　　直齿轮啮合时,齿面的接触线均平行于齿轮的轴线。其轮齿是沿整个齿宽同时进入接触或同时分离的,载荷沿齿宽突然加上及卸下,因此直齿圆柱齿轮传动的平稳性差,容易产生噪声和冲击。另外,直齿轮啮合时,同时参与啮合的轮齿数少,因而每一对齿的负荷大,承载能力相对较低,且在交替啮合时,轮齿负荷的变动大,故传动不够平稳,所以不适用于高速重载的传动。

**2. 直齿圆锥齿轮**

　　直齿圆锥齿轮的齿位于一个截断的圆锥面上。直齿圆锥齿轮用来实现两相交轴之间的传动,两个轴的夹角为 $90°$。直齿圆锥齿轮设计、制造及安装均较简单,但噪声很大,适用于低速传动。

**3. 齿轮齿条**

　　齿条可以看作是齿位于一个平面上,所以齿轮齿条传动仍是两个齿轮传动,只是大齿轮的半径无限大,如图 4.18(e)所示。如果将齿轮中心固定,则齿条可以左右直线运动;如果将齿条固定,则齿轮可以左右滚动。齿条通常安放在滚子上,或者较为光滑的平面,以便于滑动。

**4. 螺旋齿轮**

　　螺旋齿轮的齿沿着齿宽不是一段直线而是一段弧线。两个螺旋齿轮配合传动时,载荷也不是突然加上或卸下,因此螺旋齿轮传动工作较平稳。螺旋齿轮的齿实际长度比直齿轮的实际长度来得长,受力面积也就大了,所以承载能力就强。

**5. 蜗轮蜗杆**

　　蜗杆上的齿类似于圆柱表面上的一条螺旋线。蜗杆每转动一周,蜗轮转动一个齿。蜗杆蜗轮传动能够产生极大的减速比。举例而言,如果蜗轮有 100 个齿,那么减速比就能够达到 100 倍。传动比大,而相关零件很少,故结构紧凑。在蜗杆传动中,蜗杆齿是连续不断的螺旋齿,这一点和螺旋齿轮的齿非常相似。蜗杆齿和蜗轮齿是逐渐进入啮合及逐渐退出啮合的,同时啮合的齿对又较多,故冲击载荷小,传动平稳,噪声低。蜗杆传动与螺旋齿轮传动相似,在啮合处有相对滑动。当滑动速度很大,工作条件不够良好时,会产生较严重的摩擦与磨损,从而引起过分发热,使润滑情况恶化。

## 4.4.2　齿轮机构

**1. 电风扇摇头机构**

　　图 4.19 所示为电风扇摇头机构,它是由一蜗轮蜗杆机构 $Z_1$-$Z_2$ 装载在一双摇杆机构 1-2-3-4 上所组成,电动机 $M$ 装在摇杆 1 上,驱动蜗杆 $Z_1$ 带动风扇转动,蜗轮 $Z_2$ 与连杆 2

固连,其中心与杆 1 在 $B$ 点铰接。当电动机 $M$ 带动风扇以角速度 $\omega_{11}$ 转动时,通过蜗杆机构使摇杆 1 以角速度 $\omega_1$ 来回摆动,从而达到电风扇自动摇头的目的。

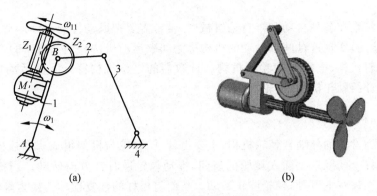

图 4.19　电风扇摇头机构

1—摇杆；2—连杆；3—连架杆；4—机架

### 2. 圆锥齿轮上下料机构

在机器人操作机中,常常采用圆锥齿轮机构组成各种具有不同自由度的关节。在某些机械手中,也常采用圆锥齿轮机构,实现某种灵巧的动作,如上下料等。

利用简单的圆锥齿轮行星机构组成上下料机械手,可以移动工件的位置,同时又使工件翻转。图 4.20 是一个剃齿机上下料机械手。整个手悬挂在水平滑道上,并可在其上往复移动。旋转液压缸 1 可推动手臂 2 转动。卡爪 6 和 8 也依靠其上的液压缸 5 和 7 实现夹紧和放松动作。当转臂转动时,行星齿轮 4 将在固定的锥齿轮 3 上滚动,因卡爪与齿轮 4 固连,故当它们随转臂转到所需的位置时,又会同时相对于转臂翻转。

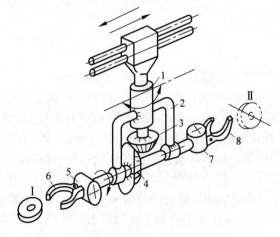

图 4.20　剃齿机上下料机械手

1—液压缸；2—手臂；3—锥齿轮；4—行星齿轮；5,7—液压缸；6,8—卡爪

整个机构的工作循环如下：提升液压缸将工件 I 送到卡爪 6 的位置→上料卡爪 6 夹紧工件→机械手在滑道上前进→下料卡爪 8 夹紧工件 II →转臂转 $180°$,此时上料卡爪将工件送到加工位置→机械手后退→卡爪 8 将加工好的工件放在输送线上→转臂转 $180°$→重复上述步骤。

# 4.5　间歇机构及工程应用

机械中,特别在各种自动和半自动机械中,常常需要把原动件的连续运动变为从动件的周期性间歇运动,实现这种间歇运动的机构称为间歇运动机构。例如机床的进给机构、分度机构、自动进料机构、电影机的卷片机构和计数器的进位机构等。间歇运动机构的种类很多,这里主要介绍棘轮机构、槽轮机构。

## 4.5.1　棘轮机构

图 4.21 为常见的外啮合棘轮机构,主要由棘爪、棘轮与机架组成。当摇杆 $O_2B$ 向左摆动时,装在摇杆上的棘爪 1 插入棘轮的齿间,推动棘轮逆时针方向转动。当摇杆 $O_2B$ 向右摆动时,棘爪在齿背上滑过,棘轮静止不动。从而将摇杆的往复摆动转换为棘轮的单向间歇转动。为了防止棘轮的自动反转,机构还同时设计了止退棘爪 3。为了保证棘爪工作可靠,一般是利用弹簧将棘爪紧压于棘轮。

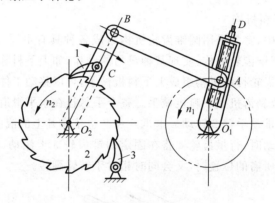

图 4.21　棘轮机构
1—棘爪；2—棘轮；3—止退棘爪

棘轮机构可分为齿式棘轮机构和摩擦式棘轮机构两大类。

齿式棘轮机构的优点是结构简单,制造方便,运转可靠,转角大小可在一定范围内调节。缺点是棘轮的转角必须以相邻两齿所夹中心角为单位有级地变化,棘爪在棘轮齿顶滑行时会产生噪声,在棘爪和棘轮轮齿开始接触的瞬时会产生冲击,故不适用于高速机构。

摩擦式棘轮机构是用偏心扇形楔块代替齿式棘轮机构中的棘爪,以无齿摩擦代替棘轮。摩擦式棘轮机构中棘轮转角可作无级调节,且传动平稳、无噪声。因靠摩擦力传动,会出现打滑现象,虽然可起到安全保护作用,但是传动精度不高,故宜用于低速、轻载场合。图 4.22 为外摩擦式棘轮机构,它是靠棘爪 1 与棘轮 2 之间产生的摩擦力来驱动的,止退棘爪 3 则可防止棘轮 2 反转。

### 1. 提升机的棘轮制动器

棘轮机构的单向间歇运动特性常用于送进、制动、超越和转位分度等机构中。如图 4.23 所示为提升机的棘轮制动器,棘轮和卷筒固为一体。当驱动装置驱动卷筒和棘轮一起逆时针转动时,重物被提升,棘爪在棘轮轮齿背上划过。若停止驱动,棘爪便立即插入棘轮齿槽,制止卷筒顺时针转动,从而防止提升物体坠落事故的发生。这种制动器广泛用于卷扬机、提升机及运输机等设备中。

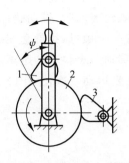

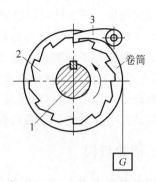

图 4.22 外摩擦式棘轮机构
1—棘爪；2—棘轮；3—止退棘爪

图 4.23 起重设备中的棘轮制动器
1—轴；2—棘轮；3—棘爪

**2. 浇铸自动线输送装置**

图 4.24 所示为浇铸自动线的输送装置,棘轮和带轮固联在同一轴上。当汽缸内活塞上移时,活塞杆 1 推动摇杆使棘轮转过一定角度,将输送带 2 向前移动一段距离。当汽缸内活塞下移时,棘爪在棘轮轮齿背上滑过,棘轮停止转动,浇包对准砂型进行浇铸。活塞不停地上下移动,即可有序完成砂型的浇铸与输送工作。

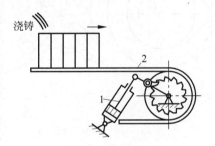

图 4.24 浇铸自动线的输送装置
1—活塞杆；2—输送带

**3. 机床进给机构**

图 4.25 所示为牛头刨床进给传动系统的核心部分。构件 1、2、3 和 8 构成一套连杆机构。杆 1 转动一周,杆 3 往复摆动一次。杆 3 逆时针摆动时,安装在杆 3 上的棘爪 4 推动棘

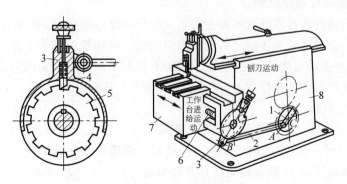

图 4.25 牛头刨床进给机构
1,2,3—杆件；4—棘爪；5—棘轮；6—螺杆；7—工作台；8—床身

轮 5 转过一定的角度;杆 3 顺时针摆动时,棘爪 4 在棘轮上滑回,棘轮不转动。这套棘轮机构又带动一套螺旋机构。棘轮 5 与螺杆 6 连为一体,当棘轮转动时,带动螺杆转动,螺杆在其轴线方向上被限制而不能移动。在工作台 7 中固定着一个螺母,螺母套在螺杆上。当螺杆转动时,螺母连同工作台 7 就会沿着螺杆的轴线方向移动一个很小的距离。杆 1 和主传动系统中的圆盘是一体的。所以,圆盘转动一周,滑枕往复运动一次,工作台就沿横向移动一步。这个移动发生在滑枕的空回行程中。

### 4.5.2　槽轮机构

槽轮机构由拨盘 1、槽轮 2 与机架组成,如图 4.26 所示。当拨盘转动时,其中的圆销 $A$ 进入槽轮相应的槽内,使槽轮转动。当拨盘转过 $2\varphi_1$ 角时,槽轮转过 $2\varphi_2$ 角,此时圆销 $A$ 开始离开槽轮。拨盘继续转动,槽轮上的凹弧 $abc$ 与拨盘上的凸弧 $def$ 相接触,此时槽轮不能转动。当拨盘的圆销 $A$ 再次进入槽轮的另一槽时,槽轮又开始转动。这样就将原动件(拨盘)的连续转动变为从动件(槽轮)的周期性间歇转动。

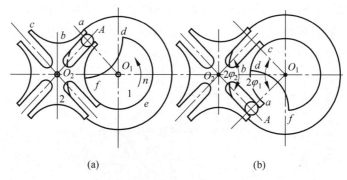

(a)　　　　　　　　　(b)

图 4.26　槽轮机构

1—拨盘;2—槽轮

槽轮机构结构简单,转位迅速,效率较高,但制造与装配精度要求较高,且转角大小不能调节,但在槽轮转动的始末位置由于存在冲击,故不适于高速场合。因此,槽轮机构一般应用于转速不高的定角度分度装置中,常用于自动机床的换刀装置及电影放映机的输片机构等。

**1. 车床刀架转位槽轮机构**

槽轮上径向槽的数目不同就可以获得不同的分度数,如图 4.27 所示自动机床的刀架转位机构就是由一个分度数为 4 的外槽轮机构驱动的。在槽轮上开有 4 条径向槽,当圆销进出槽轮一次,则可推动刀架转动一次,由于刀架上装有 4 种可以变换的刀具,就可以自动地将需要的刀具依次转到工作位置上,以满足零件加工工艺的要求。

**2. 槽轮分度机构**

图 4.28 所示为主动轴由离合器控制的槽轮分度机构。主动带轮 1 输入的运动经离合器 2,使凸轮 4 回转,凸轮上的销子拨动从动槽轮 6 使输出轴间歇回转。槽轮停歇时,凸轮通过滚子 3 控制绕支点 11 转动的定位杆 7 将槽轮定位。由汽缸 8 或手柄 10 操纵离合器,使凸轮停转,以达到控制槽轮停歇时间的目的。

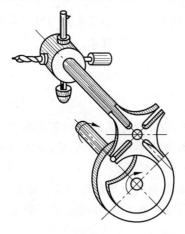

图 4.27　自动机床的换刀装置

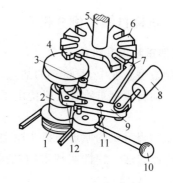

图 4.28　槽轮分度机构

1—主动带轮；2—离合器；3—滚子；4—凸轮；

5—轴；6—从动槽轮；7—定位杆；8—汽缸；

9—连杆；10—手柄；11,12—支点

## 4.6　自锁机构及工程应用

　　有些机械由于摩擦的存在,会出现无论驱动力如何增大,也无法使其运动的现象,这种现象就是机械中的自锁。在机械设计过程中自锁是必须要考虑的问题,有些机构需要保证一定的运动规律,那么在设计过程中就必须避免机构发生自锁现象。相反有些机构则需要利用自锁,以达到其使用目的。因此,了解和掌握自锁原理,如何巧妙地避开和利用自锁是设计机械的前提。

### 4.6.1　自锁原理

　　当有静滑动摩擦时,支承面对物体的约束力包含法向约束力和切向约束力（即静摩擦力）。把这两个力合成,称为全约束力。全约束力的作用线与接触处的公法线间有一夹角 $\alpha$。当物块处于临界平衡状态（物体即将滑动还没有滑动的时刻）时,静摩擦力达到最大值,偏角 $\alpha$ 也达到最大值 $\varphi$,通常将全约束力与法线间夹角的最大值称为摩擦角,如图 4.29 所示。

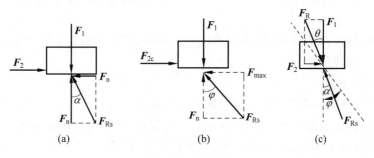

图 4.29　摩擦角

　　自锁机构是作用于物体的主动力合力 $Q$ 的作用线在摩擦角之内,则无论这个力多么大,总有一个全反力 $R$ 与之平衡,物体保持静止;反之,如果主动力合力 $Q$ 的作用线在摩擦角之外,则无论这个力多么小,物体也不能保持平衡。这种与力大小无关而与摩擦角有关的平衡条件称为自锁条件。物体在这种条件下的平衡现象称为自锁现象。

### 4.6.2　机构自锁实例分析

**1. 自锁型重物提升机构**

在加工制造型企业中,原材料的纳入,半成品的移动,以及完成品的包装运出都会使用到提升装置。而自锁型重物提升机构由于其设计简单、制作容易、操作简单、成本低等特点被广泛应用。

自锁型重物提升机构原理与抓斗原理非常类似,都是利用 L 形部件一端被提起,另一端会自动向内扣合的这一特性实现重物被提起时夹持部分对重物的自动锁紧。如图 4.30～图 4.32 所示。

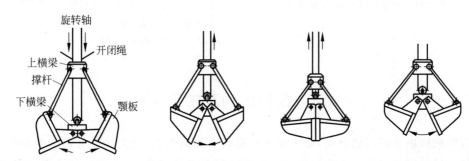

图 4.30　抓斗工作工程示意图

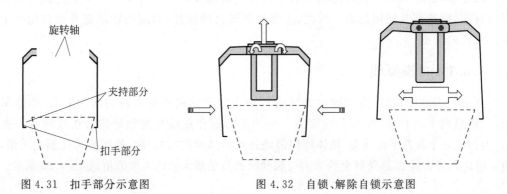

图 4.31　扣手部分示意图　　　　　图 4.32　自锁、解除自锁示意图

机构上端得到一个向上的力,夹持部迅速向中间收缩,形成自锁。解除时,只需重物落下后,将夹持部打开即可。

**2. 螺旋式千斤顶**

螺旋式千斤顶是一种常用来提升重物的机械装置。当施加一个很小的外力时,它能举起很重的重物,而且撤去外力时,它能在原有位置保持平衡状态,不会下落。原因是螺旋千斤顶的螺杆螺纹和支座螺纹间存在摩擦,当螺杆上无外力偶作用时保持平衡的原因就是由于其处于自锁状态。图 4.33 是一个右旋千斤顶的简单模型。设 $OA$ 的长为 $L$,螺杆的平均半径为 $r$,螺杆和螺母接触面之间的静滑动摩擦因数为 $f_s$,螺距为 $h$。

截取一小段螺杆螺纹进行分析。螺杆螺纹所受的是千斤顶支座螺纹对它们作用的法向

约束力 $N_i$ 和摩擦力 $F_i$。螺纹被展开后为一斜面,如图 4.34 所示,法向约束力 $N_i$ 沿斜面的垂线方向,摩擦力 $F_i$ 沿斜面方向。千斤顶通过螺纹分散了重物的重量,可以认为螺纹受到了竖直向下分布力的作用,结合螺纹斜面示意图,斜面的倾角为 $\phi$,$\tan\phi = h/(2\pi r)$。当 $\phi < \phi_m = \arctan f_s$($\phi_m$ 为磨擦角),即 $h < 2\pi r f_s$ 时,螺杆就处于自锁状态。而螺旋千斤顶的螺纹都满足这个自锁条件。于是无论重物有多重,螺纹接触面之间都不会相对滑动,从而保证了重物位置的固定。

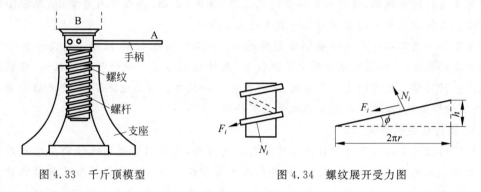

图 4.33　千斤顶模型　　　　　　　　　　图 4.34　螺纹展开受力图

# 思 考 题

4.1　简述平面连杆机构的优缺点。

4.2　简述双曲柄机构的定义及应用。

4.3　凸轮机构的类型及主要应用有哪些?

4.4　齿轮机构的主要应用有哪些?

4.5　间歇机构的种类主要有哪两种?

4.6　自锁是如何产生的?有哪些应用?

# 拓 展 资 料

## 仿生机构在机器人中的应用

仿生学是研究自然对人类的启示,是人类进行创造发明的源泉。人们研究飞禽的飞行原理可以创造出各种飞行机构;研究走兽的步态和足部骨骼可以创造出形形色色的四足步行机构;研究陆地行走禽鸟可以创造出二足步行机构;研究鱼类游动可以创造出各种鱼游机构;研究蛇的游动可以创造蛇形机构;研究蟹的爬行可以创造出机器蟹;研究昆虫可以创造出微小飞行器。

### 1. 步行仿生机器人

步行机构的迈步方式称为步态,即各腿的抬腿和放腿顺序,是确保步行机构稳定运行的非常重要的因素。动物能够在崎岖的山路上奔跑,具有很强的适应性和机动性。动物步行时,能非常灵活地改变身体重心相对支撑足的位置。因此,模仿动物的动作机理,是设计走行机构的重要途径。

新加坡南洋理工学院和施密德工程公司等设计制造的用于支持营救工作的六足机器人蜘蛛,由 6 只独立的下肢组成,可以任意方向移动;其行走与旋转运动是模仿六足昆虫的高层次运动模式,通过 3 条下肢移动而另外 3 条下肢抬高,机器人可以达到期望的行走速度,并提供恶劣地带所需的足够平衡,它具有多功能机电系统及 24 个自由度的智能运动控制系统。

### 2. 飞行仿生机器人

对于飞行仿生机构,设计时应尽量满足简单、共振、高频、高强度与质量小、摩擦小和运动对称。飞行仿生机构的模仿对象一般为昆虫或飞禽。

美国加州理工学院等联合研制微型蝙蝠 MicroBat,如图 4.35 所示。它是一种手掌大小的电动扑翼机,其机翼采用微电机系统技术,且特别制作了一种轻型传动机构,能将微型电机的转动转变为机翼的上下扑动能,可产生升力和推力。它由电池驱动,用无线电遥控控制,通过齿轮机构、双连杆机构驱动机翼上下扑动。

### 3. 爬行仿生机器人

蚯蚓的爬行是通过反复的伸缩拉伸肌肉实现挪动,在孔内前进则通过前后部先后膨胀压紧移动。麻省理工学院、哈佛大学和首尔国立大学设计出一款能够模仿这种动作的机器人,如图 4.36 所示。它通过身体各部位的伸缩,在地面上爬行,看起来非常像蚯蚓。这台几乎完全由柔软材料制成的机器人非常富有弹性,非常适合在崎岖的地面或在狭窄的空间里行进。

### 4. 仿章鱼水下机器人

德国不莱梅弗劳恩霍夫与德国 DFKI 人工智能研究中心于 2009 年合作开发带有灵敏触觉的水下机器人,如图 4.37 所示。这种仿章鱼机器人配备了应变仪,能在遇到障碍物时产生电阻变化,应变仪被印在机器人身上,宽 $10\mu m$,约一根头发一半的宽度,由雾化粒子构成,极其敏感。

图 4.35　MicroBat　　　　　图 4.36　网眼虫　　　　　图 4.37　章鱼水下机器人

仿生机器人研究对机构的要求不再停留在传统的结构形式,冗余驱动、欠驱动、变胞原理等新型驱动形式的出现,以及运动稳定性理论与方法研究、高承载自重比原理及其结构设计,再加上新型仿生机器人材料的研究及其设计,都将成为仿生机构的重要研究内容和研究方向,因而将大大促进仿生机构学的发展。

# 第5章 工程材料及其应用

**能力培养目标**：掌握各类工程材料的基本理论及性能和应用的基本知识，了解各种先进材料和先进工艺的最新进展，具备在工程设计中根据实际合理地选择传统材料和传统工艺的实践能力，并具有创造性地使用新材料和新工艺的思维能力。

材料是人类赖以生存和发展的物质基础。20世纪70年代人们把信息、材料和能源誉为当代文明的三大支柱。20世纪80年代以高技术为代表的新技术革命，又将新材料、信息技术和生物技术并列为新技术革命的重要标志。其主要原因是材料与国民经济建设、国防建设和人们生活密切相关。

## 1. 材料与人类生活

人们的衣、食、住、行、休闲、娱乐更是样样离不开材料，新材料的出现使人们的生活质量发生了极大的变化。以衣服为例，衣料早已由天然的棉、毛、丝、麻，发展到各种的人造纤维（人造棉）与合成纤维（尼龙、的确良、腈纶等）。现在世界上编织纤维中已有约54％是化学纤维。化学纤维不仅具有耐磨损、不起皱、色泽鲜艳等优点，而且不占用耕地。光导纤维是一种利用光在玻璃或塑料制成的纤维中的全反射原理而达成的光传导工具。信息材料的发展，使得人与人之间的沟通更加便捷和高效。利用光导纤维进行的通信叫光纤通信。一对金属电话线至多只能同时传送一千多路电话，而根据理论计算，一对细如蛛丝的光导纤维可以同时通一百亿路电话！利用光导纤维制成的内窥镜，可以帮助医生检查胃、食管、十二指肠等的疾病。光导纤维胃镜是由上千根玻璃纤维组成的软管，它有输送光线、传导图像的本领，又有柔软、灵活，可以任意弯曲等优点，可以通过食道插入胃里。光导纤维把胃里的图像传出来，医生就可以窥见胃里的情形，然后根据情况进行诊断和治疗。

各种先进的轻型材料的应用大大降低了各种交通工具的质量和制造成本，使得飞机、火车更加快捷、舒适。现代航空运输对飞机提出了更高要求：低油耗、低成本和高速。降低油耗和成本最直接的办法是降低飞机的质量，以最小的质量得到最大的乘客人数。这就需要在飞机局部大量使用复合材料。复合材料用量占机体结构质量的百分比从空客A380的22％到波音787的50％，再到在研的空客A350XWB68的52％。这标志着，复合材料已成为现代大型民机首要结构材料。最新的波音787客机，复合材料占到总重的50％。

非晶态合金在物理性能、化学性能和机械性能方面都发生了显著的变化。以铁元素为主的非晶态合金为例，它具有高饱和磁感应强度和低损耗的特点。由于这样的特性，非晶态合金材料在电子、航空、航天、机械、微电子等众多领域中具备了广阔的应用空间。例如，用于航空航天领域，可以减轻电源设备质量，增加有效载荷；用于民用电力、电子设备，可大大缩小电源体积，提高效率，增强抗干扰能力。

不锈钢广泛应用于汽车工业，这是当前发展最快的不锈钢应用领域。采用高强度不锈钢制造车体结构可大大降低车辆自重，增强车体结构的强度，用不锈钢做车辆的面板与装饰部件可减少维护成本。另外，不锈钢在水工业、建筑工业都有广泛应用。水在其储运过程中遭受污染的问题已为人们日益重视。大量实践证明，不锈钢是水的准备、储存、输送、净化、再生、海水淡化等水工业的最佳选材。其优点是：耐腐蚀、抗地震、节水、卫生、质量轻、少维修、寿命长、寿命周期成本低、可回收再利用的绿色环保材料。建筑工业中,不锈钢主要用在高层建筑的外墙、室内及外柱的包覆,扶手、地板、电梯壁板、门窗、幕墙等内外装饰及构件。此外,在化工、石化、化纤、造纸、食品、医药、能源(核电、火电、燃料电池)等领域都需要不锈钢。

如图 5.1 所示为光纤电缆和钛结构车架,如图 5.2 所示为波音 787 所用材料比重。

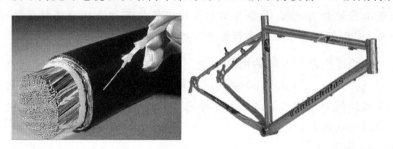

图 5.1　光纤电缆、钛结构车架

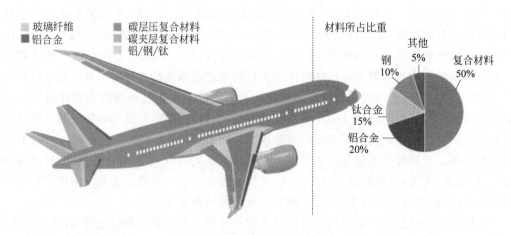

图 5.2　波音 787 所用材料比重

**2. 材料与国民经济**

材料产业包括钢铁、非铁金属、建材、高分子材料,是国民经济的重要组成部分,其产值往往占据了 20%以上,同时解决了大量就业问题。材料也是发展其他产业的基础,以农业为例,现代农业的电气化、机械化、化学化、水利化、工厂化等,都离不开材料的支持——从耕地、播种用的大马力、高效率的大型拖拉机到智能化的自动联合收割机,都能够看到材料的影子。

我国每年材料的生产量都很大,但是个别材料很大程度依赖进口,比如铁矿。由于国内铁矿资源缺乏,因此,每年我国都要从国外进口 40%的铁矿,这就导致在铁矿石的定价上缺乏话语权,进而影响了钢铁等行业的稳定发展,对国民经济产生了一定的不利影响;又如稀土金属,虽然我国是稀土大国,但是由于技术水平低,生产的稀土产品主要是低端产品,高端稀土产品只能进口,这也在一定的程度上影响了国民经济的发展。

**3. 材料与国防现代化**

随着科学技术的发展,当代战争也表现出了高技术的特点,如美国对伊拉克作战,对科索沃的空中打击都使用了隐身飞机、反辐射导弹、巡航导弹等,实行高密度精确打击,夺取了战场主动权,使伊拉克始终处于被动挨打的地位,对南联盟的轰炸也给南斯拉夫带来了巨大的灾难。为更好地捍卫我国的领土、领空,使人们安居乐业,必须加强国防的现代化建设,这也与材料的发展密切相关。如图 5.3 所示是美国轰炸伊拉克使用的 B-2 幽灵式轰炸机,这是一种隐身飞机。它的隐身功能一方面是由其外观设计来保证的,另一方面就是在飞机对雷达波强反射的部位覆盖了吸波或反射波材料,它可以是蒙皮外的涂料,也可以是贴或镀上去的材料。这种 B-2 型飞机机身的涂覆物厚达 10mm,窗户上镀有金属薄膜,整个机身黑色是由于采用了碳纤维复合材料。

**4. 材料与科技进步**

航空航天技术的发展也离不开新材料。目前已投入使用的各种载人、载物航天飞机每运载 1kg 有效载荷成本费 1 万美元,这样昂贵的费用使人类征服太空受到了很大限制,所以用尽量轻的满足性能要求的新材料来制作各种航天器势在必行。如图 5.4 右侧展示的是美国旧式航天飞机,左侧是新式航天飞机,除了在结构上采用单级火箭式全部回收利用的方案外,在材料使用上也有很大的改进。主要结构用合成材料。特别要指出的是航天飞机返回地球时,机身温度超过 1000℃。以前的航天飞机外表面使用的是碳陶瓷片,在二次飞行间期许多碳陶瓷片需更换,很麻烦。新的航天飞机外壳用 Ni-Cr-Fe 合金制造,外层的隔热板由一层 TiAl 合金与一层绝热材料组成。

图 5.3　B-2"幽灵"轰炸机

图 5.4　航天飞机

随着超音速飞机的出现,飞机飞行速度的提高,机身和空气的剧烈摩擦,机身表面的温度迅速上升,过高温度会破坏飞机机体构件的强度,造成飞机的损坏,所以飞机机体需要采用高强度、耐高温的材料。航空发动机的涡轮叶片一般要在 1500℃高温和 15 000r/min 转速的恶劣工况下运转成千上万个小时,温度高,负荷大,应力复杂,要求材料具有很好热强性、抗冲击性、抗疲劳性、耐腐蚀能力及损伤容限特征,必须使用特殊材料。

根据化学成分的不同,材料可以分为三大类:金属材料、非金属材料和复合材料。

# 5.1　金属材料及工程应用

金属材料是由金属元素或者以金属元素为主形成的具有金属特征的材料。它包括纯金属及合金,金属间化合物以及金属基复合材料等。工业上将金属材料分为黑色金属、有色金属和特种金属材料。

### 5.1.1 黑色金属

黑色金属又称钢铁材料,包括铁的质量分数为 90% 以上的工业纯铁,碳的质量分数为 2%~4% 的铸铁,碳的质量分数小于 2% 的碳钢,以及各种用途的合金钢。纯铁偏软,在外力作用下容易导致整体或者局部较大的变形甚至破坏,很少单独使用。纯铁与碳(一般碳的质量分数小于 1.3%)形成铁碳合金,通常称为碳素钢或者碳钢,简称钢,其既具有纯铁的柔性,又具有碳的硬度,其强度和韧性均较好,工程性能比较优越。碳钢主要元素是铁和碳,另外还有少量杂质元素。碳素钢冶炼加工容易、成本低、用途广泛。

**1. 碳素钢**

碳素钢按照用途可以分为:普通碳素结构钢、优质碳素结构钢和碳素工具钢,见表 5.1。普通碳素结构钢的牌号用 Q+数字表示,其中"Q"为屈服点"屈"字的汉语拼音字首,数字表示屈服强度的数值,例如,Q275 表示屈服强度为 275MPa,也就是说当钢件单位面积所受压力达到或者超过 275MPa 时,钢件会产生永久变形,导致钢件失去形状和精度,甚至破坏。如图 5.5 所示为普通碳素结构钢球形骨架。

表 5.1 碳素钢的类别、牌号、性能和用途

| 名称 | 牌号举例 | 牌号含义 | 性能特点 | 用途 |
|---|---|---|---|---|
| 碳素结构钢 | Q195<br>Q215<br>Q235<br>Q255<br>Q275 | Q 代表屈服强度<br>$\sigma_s \geqslant 195\text{MPa}$<br>$\sigma_s \geqslant 215\text{MPa}$<br>$\sigma_s \geqslant 235\text{MPa}$<br>$\sigma_s \geqslant 255\text{MPa}$<br>$\sigma_s \geqslant 275\text{MPa}$ | 较好的塑性和韧性,强度和硬度低。适合焊接和压力加工 | 钢板、钢筋、型钢等,桥梁、建筑构件、钢管、轴、拉杆、键和销等 |
| 优质碳素结构钢 | 08F<br>20 | 数字代表碳的质量分数<br>$w(C)=0.08\%$<br>$w(C)=0.2\%$ | 强度低、塑性好、焊接性好<br>强度高、韧性好、机械加工性能好 | 垫圈、螺钉、螺母等 |
| | 35<br>45<br>50 | $w(C)=0.35\%$<br>$w(C)=0.45\%$<br>$w(C)=0.5\%$ | 轴、齿轮、凸轮、丝杠、连杆等 | |
| | 60<br>65 | $w(C)=0.6\%$<br>$w(C)=0.65\%$ | 热处理后弹性好 | 弹簧、扭杆 |

图 5.5 普通碳素结构钢球形骨架

　　优质碳素结构钢的钢号用平均碳质量分数的万分数的数字表示。例如,钢号"20"即表示碳质量分数为 0.20%(万分之二十)的优质碳素结构钢,如图 5.6 所示为优质碳素结构钢汽车半轴。

　　碳素工具钢碳的质量分数在 0.65%～1.35% 之间,钢号用平均碳质量分数的千分数的数字表示,数字之前冠以"T"("碳"的汉语拼音字首)。例如,T9 表示碳的质量分数为 0.9%(即千分之九)的碳素工具钢,如图 5.7 所示为碳素工具钢扳手。

图 5.6　优质碳素结构钢汽车半轴

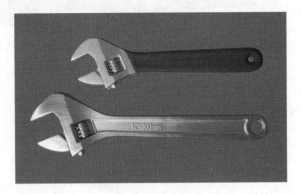

图 5.7　碳素工具钢扳手

　　碳素钢获得容易,价格低廉,容易加工,其具有的力学性能能够满足一般工程用件、机械零件和工具的要求,在工业中有着广泛的应用,但是对于工作条件比较恶劣,高速度重载荷,摩擦、磨损严重,耐热、耐寒性要求高的场合,碳素钢就不能满足要求。在这种条件下,应该使用合金钢。

**2. 合金钢**

　　合金钢是在碳素钢中有目的的加入一定量的其他元素所形成的钢。经常使用的合金元素有锰、铬、钼、镍等。加入合金元素的目的是提高钢的力学性能、改善工艺性能、特殊物理或者化学性能。合金钢和碳钢比较各有特点,但是合金钢冶炼复杂,成本高,所以优先选用碳素钢。

　　合金钢的种类大致有三种:合金结构钢、合金工具钢和特殊合金钢。合金结构钢用于制造结构件;合金工具钢用于制作工具,如合金刀具;特殊合金钢用于特殊用途,如耐热钢,耐磨钢等。

　　(1) 合金结构钢

　　用于制造重要工程结构和机器零件的合金钢称为合金结构钢。主要有低合金高强度结构钢、合金渗碳钢、合金调质钢、合金弹簧钢、滚珠轴承钢。其中低合金高强度钢广泛应用于车辆、船舶、压力容器,见图 5.8;渗碳合金钢用于制造变速箱齿轮、柴油机的凸轮轴;调质合金钢用于重要的齿轮、发动机传动轴等;弹簧钢用于制造弹簧和弹性元件;滚动轴承钢用于制造轴承滚动体和内外圈,见图 5.9。

　　(2) 合金工具钢

　　包括刃具钢、模具钢和量具钢。刃具钢用来制作钻头、拉刀、车刀等;模具钢用来制作各种模具;量具钢用来制作各种量具,如游标卡尺、螺旋测微器、塞尺、量规等,见图 5.10 和图 5.11。

图 5.8　车辆、"鸟巢"

图 5.9　凸轮轴、滚动轴承、飞机起落架

图 5.10　合金钢刀具和模具

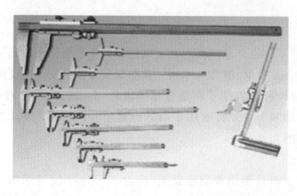
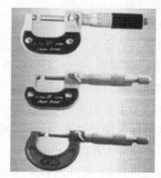

图 5.11　量具钢制作的游标卡尺和螺旋测微器

（3）特殊合金钢

包括不锈钢、耐热钢和耐磨钢。如不锈钢用于医疗器械、化工容器和管道；耐热钢因为在高温下具有高的热化学稳定性和热强性，所以用于制造加热炉、锅炉、燃气轮机等高温装置中的零部件，在高温下具有良好的抗蠕变和抗断裂的能力，良好的抗氧化能力、必要的韧性以及优良的加工性能，且具有较好的抗高温氧化性能和高温强度（热强性），图 5.12 是采用耐热钢制造的燃汽轮机；耐磨钢主要用于运转过程中承受严重磨损和强烈冲击的零件，如车辆履带、挖掘机铲斗、破碎机颚板和铁轨分道叉等。对耐磨钢的主要要求是有很高的耐磨性和韧性。高锰钢是目前最主要的耐磨钢。图 5.13 是采用耐磨钢制造的履带和破碎机。

图 5.12　采用耐热钢的燃气轮机

图 5.13　采用耐磨钢的履带和破碎机

**3. 铸铁**

铸铁是碳的质量分数大于 2.11%、并常含有较多的硅、锰、硫、磷等元素的铁碳合金。铸铁的生产设备和工艺简单，价格便宜，并具有许多优良的使用性能和工艺性能，所以应用非常广泛，是工程上最常用的金属材料之一。它可用于制造各种机器零件，如机床的床身、床头箱；发动机的汽缸体、缸套、活塞环、曲轴、凸轮轴；轧机的轧辊及机器的底座等。

按照石墨在其中存在的形态，分为灰铸铁、球墨铸铁、可锻铸铁和蠕墨铸铁。

（1）灰铸铁

灰铸铁石墨形态是片状。灰铸铁的用途包括下水管道、暖气片、机床床身、水泵叶轮、机床导轨等。图 5.14 是采用灰铸铁制造的暖气片和机床床身。

图 5.14　灰铸铁的暖气片和机床床身

（2）可锻铸铁

可锻铸铁的石墨形态是棉絮状。可锻铸铁广泛用于汽车、拖拉机的后桥外壳、管接头、低压阀门等。图 5.15 是采用可锻铸铁制造的低压阀门、弯头和直管钳。

图 5.15　可锻铸铁制造的低压阀门、弯头和直管钳

（3）球墨铸铁

球墨铸铁的石墨形态是球状。球墨铸铁广泛用于内燃机曲轴、凸轮轴、连杆、轧辊、阀门、汽车后桥、犁铧、收割机导架等。图 5.16 是采用球墨铸铁制造的发动机活塞连杆。

（4）蠕墨铸铁

蠕墨铸铁是在铁水浇注前加蠕化剂而得。蠕墨铸铁的石墨形态是蠕虫状。蠕墨铸铁的强度、塑韧性优于灰铸铁,应用于高压热交换器、汽缸盖、液压阀等。

图 5.16　发动机活塞连杆

## 5.1.2　有色金属

钢铁通常称为黑色金属材料,除钢铁以外的金属及合金称为有色金属材料。与钢铁相比,有色金属的产量和使用量低,价格高。但由于它们具有某些独特的性能,成为现代科技和工程中不可缺少的重要材料。机械制造中除常用的铝合金、铜合金、轴承合金之外,在航空、航天、造船、化工、冶金等行业获得广泛应用的还有钛合金、镁合金等。它们具有密度小、比强度高等突出优点。

**1. 铝与铝合金**

铝与铝合金在工业中的产量仅次于钢铁,其主要力学特点是质量轻、比强度高、比刚度高、导电性和导热性能好、耐腐蚀,因而广泛用于航空工业,此外也大量应用于建筑、运输和电力等行业。

(1) 纯铝

纯铝的特点是密度小,导电、导热性能好,化学性质很活泼,在空气和水中有较好的耐蚀性,但不能耐酸、碱、盐的腐蚀。铝塑性好,强度不高。纯铝主要用来制作电线、电缆、散热器及要求不锈耐蚀而强度要求不高的日用品或配制合金。铝中所含杂质数量越多,其导电性、导热性、抗大气腐蚀性以及塑性就越低。

(2) 铝合金

纯铝加入合金元素 Si、Cu、Mg、Mn 等,制成铝合金。铝合金强度较高,密度小,有很高的比强度(即强度极限与密度的比值),好的导热性及耐蚀性等。铝合金分为形变铝合金和铸造铝合金。

形变铝合金塑性较好,适于压力加工。形变铝合金还可分为防锈铝、硬铝、超硬铝及锻铝等。

防锈铝牌号用"铝防"汉语拼音字首"LF"加顺序号表示,主要用于载荷不大的压延、焊接,或耐蚀结构件,如油箱、导管、线材、轻载荷骨架以及各种生活器具如冰箱等。

硬铝牌号用"铝硬"汉语拼音字首"LY"加顺序号表示,用于制造中等强度的结构件,如在航空工业中制造飞机骨架、固定用接头和螺旋桨叶等;在建筑、造船和车辆工业中制造各种结构件和配件。

超硬铝合金是目前强度最高的铝合金,但是抗蚀性很差。超硬铝合金的牌号用"铝超"汉语拼音字首"LC"加顺序号表示,用于生产各种锻件和模锻件,制作飞机的蒙皮、螺钉、承力构件、大梁桁条、隔框和翼肋等。图 5.17 是用超硬铝制造的蒙皮和用铝铜合金制造的汽缸头。

图 5.17　用超硬铝制造的蒙皮和用铝铜合金制造的汽缸头

锻铝合金具有良好的热塑性及耐蚀性。锻铝合金的牌号用"铝锻"汉语拼音字首"LD"加顺序号表示。主要用于飞机结构件上,如飞机机匣。

铸造铝合金流动性好,适于铸造,但不适于压力加工。铸造铝合金中铝硅合金具有良好的铸造性能,足够的强度,而且密度小,用得最广,占铸造铝合金总产量的 50% 以上。铸造铝合金的代号用"铸铝"的汉语拼音字首"ZL"加三位数字表示。铸铝合金可以分为铝硅合金、铝铜合金、铝镁合金、铝锌合金。

铝硅合金是最常用的铸造铝合金。典型代表是 ZL102,其铸造性能好、抗腐蚀、焊接性能好、经过处理后能够得到较高的塑性和强度。多用于压力铸造和金属型铸造。适合生产形状复杂、耐腐蚀、气密性较高和受力较小的零件,如汽车上的支架。

铝铜合金具有较高的强度和耐热性,耐腐蚀性较差。铸造性能不好,常用牌号 ZL201,ZL202。主要用于工作在 200~300℃,并承受中等载荷的场合,如内燃机的汽缸头。

铝镁合金密度小、耐腐蚀、切削性能好、具有良好的力学性能,铸造性能不好,耐热性差。常用牌号 ZL301,ZL302。主要用于制造在冲击和腐蚀环境中工作的船舶零件。

铝锌合金铸造性能优良,经处理后可以获得较高的强度,焊接性和切削性好。但是耐腐蚀性能差,热裂倾向大,常用牌号 ZL401,ZL402。主要用于制造形状复杂的汽车发动机零件和精密仪表零件。

**2. 铜与铜合金**

(1) 纯铜

纯铜呈紫红色,故又称紫铜。纯铜具有优良的导电性和导热性,在大气、淡水和冷凝水中有良好的耐蚀性,塑性好,见图 5.18。

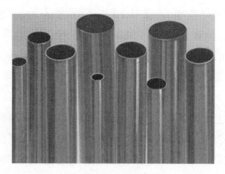

图 5.18　纯铜管

(2) 铜合金

铜合金常加元素为 Zn、Sn、Al、Mn、Ni、Fe 等,既提高了强度,又保持了纯铜特性。铜合金分为黄铜、青铜、白铜三大类。

黄铜是以锌为主要合金元素的铜合金。黄铜按照成分可以分为普通黄铜和特殊黄铜。按工艺可分为加工黄铜和铸造黄铜。

普通黄铜:铜与锌的二元合金称为普通黄铜。单相黄铜塑性好,适于制造冷变形零件,如弹壳、冷凝器管等。两相黄铜热塑性好,强度高。适于制造受力件,如垫圈、弹簧、导管、散热器等。

特殊黄铜:在普通黄铜的基础上加入 Al、Fe、Si、Mn、Pb、Sn、Ni 等元素形成特殊黄铜。特殊黄铜强度、耐蚀性比普通黄铜好,铸造性能改善。主要用于船舶及化工零件,如冷凝管、齿轮、螺旋桨、轴承、衬套及阀体等。

如图 5.19 所示为普通黄铜弹壳和特殊黄铜涡轮。

青铜是将铜、锡及大量的铅混和起来,中国古代青铜器铅含量高,从 1%~30% 不等。早期的青铜器种类很多,用途广泛,主要种类有酒器、食器、炊器、兵器、水器、乐器等。

白铜主要含铜和镍,它不容易生铜绿,常用于制造精密仪器和装饰品。

图 5.19　普通黄铜弹壳和特殊黄铜涡轮

（3）钛及钛合金

钛是 20 世纪 50 年代发展起来的一种重要的结构金属,钛合金因具有强度高、耐蚀性好、耐热性高等特点而被广泛用于各个领域。世界上许多国家都认识到钛合金材料的重要性,相继对其进行研究开发,并得到了实际应用。第一个实用的钛合金是 1954 年美国研制成功的 Ti-6Al-4V 合金,由于它的耐热性、强度、塑性、韧性、成形性、可焊性、耐蚀性和生物相容性均较好,而成为钛合金工业中的王牌合金,该合金使用量已占全部钛合金的 75%～85%。其他许多钛合金都可以看做是 Ti-6Al-4V 合金的改型。

20 世纪 50—60 年代,主要发展航空发动机用的高温钛合金和机体用的结构钛合金,20世纪 70 年代开发出一批耐蚀钛合金,20 世纪 80 年代以来,耐蚀钛合金和高强钛合金得到进一步发展。耐热钛合金的使用温度已从 20 世纪 50 年代的 400℃ 提高到 20 世纪 90 年代的 600～650℃。结构钛合金向高强、高塑、高强高韧、高模量和高损伤容限方向发展。另外,20 世纪 70 年代以来,还出现了 Ti-Ni、Ti-Ni-Fe、Ti-Ni-Nb 等形状记忆合金,并在工程上获得日益广泛的应用。目前,世界上已研制出的钛合金有数百种,最著名的合金有 20～30 种。

钛合金在航空工业中的应用主要是制作飞机的机身结构件、起落架、支撑梁、发动机压气机盘、叶片和接头等;在航天工业中,钛合金主要用来制作承力构件、框架、气瓶、压力容器、涡轮泵壳、固体火箭发动机壳体及喷管等零部件。20 世纪 50 年代初,在一些军用飞机上开始使用工业纯钛制造的机身隔热板、机尾罩、减速板等结构件;20 世纪 60 年代,钛合金在飞机结构上的应用扩大到襟翼滑轨、承力隔框、起落架梁等主要受力结构中;20 世纪 70年代以来,钛合金在军用飞机和发动机中的用量迅速增加,从战斗机扩大到军用大型轰炸机和运输机,它在 F14 和 F15 飞机上的用量占结构质量的 25%,在 F100 和 TF39 发动机上的用量分别达到 25% 和 33%;20 世纪 80 年代以后,钛合金材料和工艺技术达到了进一步发展,一架 B1B 飞机需要 90 402kg 钛材。现有的航空航天用钛合金中,应用最广泛的是多用途的 a＋b 型 Ti-6Al-4V 合金。近年来,西方和俄罗斯相继研究出两种新型钛合金,它们分别是高强高韧可焊及成形性良好的钛合金和高温高强阻燃钛合金,这两种先进钛合金在未来的航空航天业中具有良好的应用前景。

随着现代战争的发展,陆军部队需求具有威力大、射程远、精度高、有快速反应能力的多功能的先进加榴炮系统。先进加榴炮系统的关键技术之一是新材料技术。自行火炮炮塔、构件、轻金属装甲车用材料的轻量化是武器发展的必然趋势。在保证动态与防护的前提下,钛合金在陆军武器上有着广泛的应用。火炮制退器采用钛合金后不仅可以减轻质量,还可以减少火炮身管因重力引起的变形,有效地提高了射击精度;在主战坦克及直升机反坦克多用途导弹上的一些形状复杂的构件可用钛合金制造,这既能满足产品的性能要求又可减少部件的加工费用。

钛在各种酸、碱、盐介质中,除上述四种无机酸和腐蚀性很强的氯化铝外,都具有很好的稳定性。所以,钛是化学工业中优良的抗腐蚀材料,得到了越来越广泛的应用。例如,在氯碱工业中使用钛金属阳极和钛制湿氯气冷却器,收到很好的经济效果,被誉为氯碱工业中的一大革命。钛抗海水和海洋空气腐蚀能力很强,而且强度大,质量轻,是造船工业的理想结构材料,已广泛应用在各种舰艇、深水潜艇的许多部件中,如我国的蛟龙深潜器。

如图 5.20 所示为深潜器钛合金壳体和直升机钛合金桨毂。

图 5.20　深潜器钛合金壳体和直升机钛合金桨毂

### 5.1.3　特种金属

特种金属材料包括不同用途的结构金属材料和功能金属材料。其中有通过快速冷凝工艺获得的非晶态金属材料,以及准晶、微晶、纳米晶金属材料等;还有隐身、抗氢、超导、形状记忆、耐磨、减振阻尼等特殊功能合金以及金属基复合材料等,如图 5.21 所示为采用形状记忆合金制作的镜架。

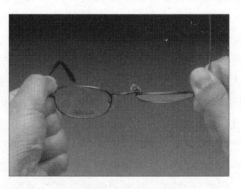

图 5.21　采用形状记忆合金制作的镜架

## 5.2　非金属材料及应用

在机器制造中除了金属材料的应用外,非金属材料的使用也占据了很大的部分。如高强度、高韧性、耐高温聚合物材料的发展,有力地推动了电子、机械、宇航等工业的发展。同时,以硅酸盐为基础的陶瓷、玻璃和水泥等无机非金属材料已经具有相当大的规模,被广泛地应用在工业、农业、国防和人们日常生活中。复合材料因为能够根据人们的要求来改善材料的性能,使各组成材料保持各自的最佳特性并相互取长补短,从而最有效地利用材料。

### 5.2.1　工程塑料

塑料是一种以有机合成树脂为主要组成的高分子材料,它通常可在加热加压条件下模塑成形,故称为塑料。工程塑料英文名为 engineering-plastics,是指一类可以作为结构材料,在较宽的温度范围内承受机械应力,在较为苛刻的化学物理环境中使用的高性能的高分子材料。一般指能承受一定的外力作用,并有良好的机械性能和尺寸稳定性,在高、低温下仍能保持其优良性能,可以作为工程结构件的塑料,如 ABS、尼龙、聚碳酸酯、聚砜等。

**1. 工程塑料的特点**

(1) 质量轻、相对密度小、较高的比强度

工程塑料的相对密度一般在 1.0～2.0 之间,常用树脂的密度在 $1g/cm^3$ 左右,只有铝的 1/5,钢铁的 1/10 左右。许多聚烯烃塑料如聚乙烯 PE、聚丙烯 PP 塑料的密度都小于 $1g/cm^3$,能浮于水上。如果将它们做成泡沫塑料,其密度仅 $0.1g/cm^3$ 左右。少数聚合物的密度较大,如聚氯乙烯 PVC 为 $1.4g/cm^3$,聚四氟乙烯为 $2.2g/cm^3$,但比金属和陶瓷轻。可替代一些传统的金属材料,减轻自重,用于航空飞行器、车辆等领域。

用玻璃纤维、碳纤维等纤维增强,可以大大提高抗张强度,拉伸强度与相对密度的比值一般在 1500～1700,甚至高达 4000(钢 1600,铝 1500)。尼龙的密度是铁的 1/10,但尼龙的断裂强度只比钢丝小 1/2。

1990 年,塑料在每辆轿车中所占质量已经到达 10.3%,占车用材料体积的 50% 左右,使小轿车的质量减轻了 1/3。汽车质量每减轻 425kg,每升汽油就能多跑 1km 路程,节油 1% 以上。至 20 世纪 90 年代,美国在每辆汽车上使用的塑料已达 116kg,质量减轻了 1/3,按全美公路上行驶的汽车来估算,每年可以节省原油 $300 \times 10^4 t$。如果做成全塑汽车,每辆车质量减轻 47.7%,节能效益将再提高 3 倍。

(2) 突出的耐磨和自润滑性能

用工程塑料作摩擦零件,与耐磨金属合金相对,磨耗量低于 1∶5。氟塑料更佳。

(3) 优良的机械性能

在较宽的温度范围内,许多工程塑料,尤其是增强的工程塑料有优异的抗冲击和耐疲劳性能。

(4) 优良的电绝缘性

几乎所有工程塑料都有优良的电绝缘性和耐电弧的特性,可以跻身优良绝缘材料行列。在电子、电气、雷达、电视、广播、通信、计算机电子行业和仪器仪表行业中,塑料的主要用途是置备电缆的绝缘套管和电气设备的绝缘外壳。插头、插座、开关等都与我们生活密切相关。

(5) 化学稳定性

对酸、碱和一般有机溶剂都有很好的抗腐蚀性。

(6) 有较高的耐热性

一般的工程塑料在不同玻璃纤维增强时,UL 长期连续使用温度都超过 100℃,特种工

程塑料的指标一般都超过 150℃。

（7）优良的吸振、消声和对异物的埋没性能

工程塑料作为运动零部件使用时，没有金属撞击的噪声，有优良的吸振消声性能。对于有磨粒存在的条件下，可以埋没异物，不会出现金属材料常见的刮伤。

（8）良好的加工性能

工程塑料可以在较低的温度下（通常 400℃ 以下），采用注塑、挤出、吹塑等方法进行加工，制品可采用机械方法再加工，尺寸稳定，成品的互换性强，模具费用低，与加工金属相对，可节省能耗 50% 左右，而且缩短工时，成品率高。

**2. 工程塑料的应用**

（1）在汽车上的应用

节能、环保和轻量化已成为世界汽车工业面临的共同问题，再加上对乘坐舒适、安全的要求，汽车塑料制品的用量逐年增加，以达到减轻汽车自重、节约能源、提高燃料经济性的目的。因此近年来在汽车工业领域大量使用工程塑料制品，以代替各种昂贵的有色金属和合金材料，不仅提高了汽车造型的美观与设计的灵活性，降低了零部件的加工、装配与维修的费用，而且大幅减轻了汽车的自重，从而降低了能耗。

聚酰胺（尼龙，PA）具有很高的冲击强度及优异的耐摩擦磨耗特性、耐热性、耐化学药品性、润滑性和染色性等综合性能，尤其是尼龙经纤维增强或制成合金后其强度、制品精度、尺寸稳定性等均有很大的提高。另外，尼龙品种多，易回收循环利用，价格相对便宜，因而在汽车工业中得到广泛应用。近年来尼龙主要用作汽车电气部件、发动机、燃油箱和车身部件等。

热塑性聚酯是最坚韧的工程热塑性塑料之一，它是半结晶材料，具有非常好的化学稳定性、力学强度、电绝缘性和热稳定性，由吸湿引起的电性能变化很小，绝缘电压很高，且成形稳定性和尺寸精度优良。美国 GE 公司生产的 PBT/PC 合金耐热性、耐应力开裂性、耐磨性及耐化学药品性均为优良，低温冲击强度高、易于加工和涂饰性好，主要应用于高档轿车的保险杠、车底板、面板、化油器组件、挡泥板、扰流板、火花塞端子板、供油系统零件、仪表板、汽车点火器、加速器及离合器踏板等部件。美国联合信号公司研发的 Petra 系列 PET 具有优良的耐高温性能和优异的低温冲击强度，经得起 200℃ 以上的电喷着色处理，另外 PET 制品具有很好的表面性能，可用于制造汽车内外装饰件，如车门、门支撑架、引擎盖等。德国 BTE 公司用 GF 增强 PET 研发出汽车用塑料车轮。该车轮的最大优点是不生锈且较轻，可以减轻汽车非悬挂件的质量，使汽车更易于操作、更舒适。

聚碳酸酯（PC）具有透光率高（达 85%～90%）、吸水性低、尺寸稳定性好、易着色、刚硬而富有韧性（冲击强度尤为突出）及耐热性、耐寒性、耐蠕变性、电绝缘性、耐候性、耐老化性优良等特性。PC 在汽车上的应用主要是利用其透明性用来制造灯具、仪表标牌、遮阳板和窗玻璃。改性 PC（多为合金）具有优异的耐热性、耐冲击性、刚性及良好的加工流动性等综合性能。PC/PBT 合金兼有 PC 和 PBT 两者的优点，主要应用于汽车保险杠、汽车反射镜/外壳、车外部把手、安全气囊通电部件。

聚甲醛（POM）对化学介质（如冷却剂、汽油、发动机油等）具有良好的耐腐蚀性能，因此它广泛地应用于汽车领域。在发动机系统主要用来制造散热器箱盖、水泵叶轮、燃油液位传感器基材、油门踏板、各种排气控制阀门；在电气系统可制作照明开关装置、组合式开关、刮

水器、电机齿轮、轴承支架、洗涤泵支承等零件；在车身系统可制造车速表齿轮、门锁固定垫片、车窗调节器手柄、车窗玻璃支架、转向器轴套、制动器固定垫片、球铰链零件以及各种夹头。

聚丙烯(PP)最重要的应用领域是注射成形制品，它常用于汽车工业中的蓄电池壳体、仪表壳体、采暖和冷却系统、挡泥板、风扇叶片、空气过滤器壳体、保险杠及仪表板等。

(2) 在电子设备上的应用

工程塑料具有更优异的力学性能、电性能、耐化学性、耐热性、耐磨性、尺寸稳定性等优点；与金属材料相比，工程塑料具有质量轻、成形时能耗小等优点。工程塑料已经成为当今世界塑料工业发展中增长速度最快的材料。

PA(尼龙)的特点是韧性好，机械强度高，耐磨，但易吸水变形。在电子电器方面主要用于制造机床电器、空气开关、接插件、各种线圈骨架；录音机、录像机、摄像机、DVD、OA 设备的机芯、骨架、支撑件、齿轮、传动轮；以及电缆架、支撑件、齿轮、传动轮；以及电缆护套、家用电器、小家电等。

PC(聚碳酸酯)的优点是透明、冲击强度高，机械强度好，尺寸稳定。缺点是不耐溶剂，易产生应力开裂。主要应用在电器的透明部分(如窗、外壳、面板等)。

PC/ABS 合金则更多地用在电器外壳、显示器外壳、手机外壳、手提电脑外壳、电池、充电器外壳，光缆连接器、OA 设备和小家电产品方面。

POM(聚甲醛)具有优越的机械性能、耐磨性和尺寸稳定性能，耐化学腐蚀，耐疲劳，但耐热性能差，易燃易分解，缺口敏感性大。主要用于电器、仪表结构件、各种齿轮、凸轮、传动轮、录音录像带轴芯、软盘仓门、机床电器。

PBT/PET(热塑性聚酯)具有优良的综合性能、良好的加工性能、突出的耐化学性能、电性能，因此在电子电气行业、通信业、电缆和照明行业被广泛采用。国内电子行业用量约占总消费量的 62%，主要用于接插件、显像管座、各种线圈骨架、行输出变压器骨架和外壳、聚焦电位器外壳、计算机风扇、节能灯外壳、电缆护套、汽车电器、灯座、电饼铛、多士炉、各种开关、端子板。

PEEK(聚醚醚酮)是一种长期使用温度在 200℃ 以上的塑料。由于现在的电子电气产品体积越来越小，质量越来越轻，因此特种工程塑料在电子电气行业的应用也越来越广泛，特别是一些耐热的场合和一些需要焊接的电器元件。PEEK 薄膜还应用于多层印制电路板的制作，最高可达 60 层，长期使用温度 260℃。

(3) 在军事方面的应用

军事目标如地面油罐、飞机洞库及各种武器弹药仓库在战争中是敌人打击的重点对象，而这些目标常常表现出与周围环境明显不一致的目标外形特征，很容易被光学仪器、热红外侦察设备、雷达侦察设备等发现和识别。随着高科技的发展，军事侦察和监视的能力及水平有了很大进步，使得这些军事目标在战争中更容易遭到打击，为此，迫切需要对这些军事目标进行伪装处理。目前已研制出的伪装材料有伪装涂料、防护网等，用这些材料对防护工程、阵地工程等固定大型目标进行伪装时，成本较高，施工工艺要求也较高。相反，RPUR泡沫塑料施工方便，发泡速度快，可在常温常压下现场发泡成形。加之发泡设备操作简单，可进行浇注或喷涂施工；而 RPUR 泡沫塑料对金属、木材、玻璃、砖石等具有很强的粘附性，非常适合在军事伪装工程中应用。由于 RPUR 泡沫塑料有上述特性，因此将经过颜色调配的 RPUR 泡沫塑料喷涂于防护工程或阵地工程的出口、山体护坡、洞库洞口等目标,可模拟天然地表状态,达到"隐真示假"的目的。

图 5.22 和图 5.23 所示为工程塑料的应用。

图 5.22　采用高强度工程塑料制造武器部件,采用耐高温工程塑料制造的飞机外壳

图 5.23　工程塑料印制的电路板和汽车外壳

### 5.2.2　合成橡胶

在 11 世纪前,南美洲人即已开始利用野生天然橡胶。在 1496 年,哥伦布第二次到美洲,发现了橡胶树;1736 年法国人孔达米纳参加法国科学院赴南美考察队,观察到三叶橡胶树流出的胶乳可固化为具有弹性的物质。1823 年,英国人麦金托什创办第一个橡胶防水布厂——橡胶工业的开始;同期,英国人 Hancock 发现橡胶通过两个转动滚筒的缝隙反复加工,可以降低弹性,提高塑性。这一发现奠定了橡胶加工的基础,他被公认为世界橡胶工业的先驱。1839 年,Goodyear 发现硫磺可使橡胶硫化——奠定橡胶加工业的基础;1888 年,Dunlop 发明充气轮胎——橡胶工业真正起飞;1904 年,Mote 采用炭黑对橡胶进行增强。1900 年,确定了天然橡胶的结构——合成橡胶成为可能;1932 年,苏联使丁钠橡胶工业化,之后相继出现了氯丁、丁腈、丁苯橡胶;19 世纪 50 年代,Zeigler-Natta 催化剂的发现,导致合成橡胶的新飞跃,出现了顺丁、乙丙、异戊橡胶;1965—1973 年间,出现了热塑性弹性体,即第三代橡胶;20 世纪 80 年代茂金属催化剂给橡胶工业带来新的革命,现在已合成了茂金属乙丙橡胶等新型橡胶品种;20 世纪 90 年代环氧化、接枝、共混、动态硫化等技术的采用,橡胶向着高性能化、功能化、特种化方向发展。

合成橡胶是一种具有极高弹性的高分子材料,其弹性变形量可达 100%～1000%,而且回弹性好,回弹速度快。同时,橡胶还有一定的耐磨性,很好的绝缘性和不透气、不透水性。它是常用的弹性材料、密封材料、减震防震材料和传动材料。

**1. 合成橡胶分类**

橡胶是优良的高弹性体材料,同时还具有良好的耐磨、隔音和绝缘等性能,是重要的工业原材料之一,被广泛应用于各个领域,合成橡胶分类见图 5.24。

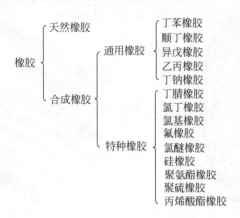

图 5.24　合成橡胶分类

**2. 合成橡胶的工程应用**

合成橡胶的用途见图 5.25。

丁苯橡胶:由丁二烯和苯乙烯共聚而成的。其耐磨性、耐热性、耐油、抗老化性均比天然橡胶好。缺点是生胶强度低、黏接性差、成形困难、硫化速度慢。广泛用于轮胎、胶带、胶管、电线电缆、医疗器具及各种橡胶制品的生产等领域。

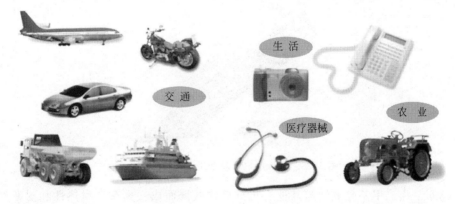

图 5.25　合成橡胶的用途

顺丁橡胶:由丁二烯聚合而成。其弹性、耐磨性、耐热性、耐寒性均优于天然橡胶,是制造轮胎的优良材料,见图 5.26。缺点是强度较低,加工性能差、抗撕性差。

乙丙橡胶:乙烯和丙烯的共聚物。由于主链不含双链,分子链十分柔软。它具有优异的耐老化和耐高、低温特性。用于制作一般橡胶制品及内外轮胎等。可用于高温水蒸气环境之密封件,卫浴设备密封件或零件,制动(刹车)系统中的橡胶零件,散热器(汽车水箱)中的密封件,室外的防护套,码头缓冲器、桥梁减振垫、各种建筑用防水材料。

丁腈橡胶:由丁二烯与丙烯腈聚合而成。其耐油性好,耐热、耐燃烧、耐磨、耐碱、耐有机溶剂。缺点是耐寒性差,其脆化温度为 $-10 \sim -20℃$。广泛用于各种耐油制品,如油封、输油胶管、化工容器衬里、垫圈等。可以说是目前用途最广、成本最低的橡胶密封件,可用于需要导出静电,避免引起火灾的地方,如纺织皮辊、皮圈、阻燃运输带等,图 5.27 所示为丁腈橡胶用于纺织皮辊。

图 5.26 顺丁橡胶轮胎

图 5.27 丁腈橡胶用于纺织皮辊

氟橡胶:以碳原子为主链,含有氟原子的聚合物。其化学稳定性高、耐蚀性能居各类橡胶之首,耐蚀性好,最高使用温度为 $300℃$。主要用于国防和高技术中的密封件。可用在各种航空或航海设备,例如飞机座舱的密封,光学设备的密封,商用或军用舰船连接密封。图 5.28 是氟橡胶气密胶带用于飞机座舱密封。

图 5.28 氟橡胶气密胶带用于飞机座舱密封

硅橡胶:由二甲基硅氧烷与其他有机硅单体共聚而成。具有高耐热性和耐寒性,抗老化能力强、绝缘性好。缺点是强度低、耐磨性、耐酸性差,价格较贵。家用电器行业所使用的密封件或橡胶零件,如电热壶、电熨斗内的橡胶零件。电子行业的密封件或橡胶零件,如手机按键、DVD 内的减振垫等。

SBS 热塑弹体:苯乙烯和丁二烯的三嵌段共聚物。分子链的两端是柔性较小的聚苯乙烯段,中间是柔性很好的聚丁二烯。兼有硫化橡胶和热塑性橡胶的优点。强度高,弹性好,可反复回收利用。

### 5.2.3　陶瓷材料

陶瓷材料是除金属和高聚物以外的无机非金属材料的统称。工业上应用的典型的传统陶瓷产品有陶瓷器、玻璃、水泥等。随着现代科技的发展,出现了许多性能优良的新型陶瓷。

**1. 陶瓷材料的优点**

陶瓷材料通常由 3 种不同的相组成,即晶相、玻璃相和气相。晶相是陶瓷材料中主要的组成相,决定陶瓷材料物理化学性质的主要是晶相。玻璃相的作用是充填晶粒间隙、黏结晶粒、提高材料致密度、降低烧结温度和抑制晶粒长大。气相是在工艺过程中形成并保留下来的。陶瓷轴承具有如下优点。

(1) 高速:陶瓷的重量仅为同体积钢重量的 40%,这样就能减少离心载荷与打滑,使陶瓷轴承比传统轴承转速提高 20%~40%。

(2) 长寿命:陶瓷材料的硬度比钢的硬度高得多,硬度高能减少磨损。此外陶瓷还具有较高的抗压强度。

(3) 低发热:陶瓷的摩擦系数大约为钢的 30%,因此陶瓷轴承产生的热量较少,这样可延长轴承的寿命。

(4) 低热膨胀:氮化硅的热膨胀大约是钢的 20%,故有益于在温度变化大的环境中使用。

(5) 耐腐蚀:陶瓷材料不活泼的化学特性使陶瓷轴承具有优良的耐腐蚀性。

(6) 耐高温:陶瓷材料即使在高温下强度和硬度也不会降低,所以对用在高温环境中的轴承来说,该材料是非常有用的。

**2. 陶瓷材料的分类**

按化学成分分类,可将陶瓷材料分为氧化物陶瓷、碳化物陶瓷、氮化物陶瓷及其他化合物陶瓷;按使用的原材料分类,可将陶瓷材料分为普通陶瓷和特种陶瓷,普通陶瓷以天然的岩石、矿石、黏土等材料作原料,特种陶瓷采用人工合成的材料做原料;按性能和用途分类,可将陶瓷材料分为结构陶瓷和功能陶瓷两类。

**3. 陶瓷材料在机械工程中的应用**

(1) 用陶瓷材料制造切削刀具

在金属材料机械加工中,切削加工是最基本、最可靠的精密加工手段,刀具材料的性能对切削加工效率、精度、表面质量、刀具寿命有着决定性的影响。在现代切削加工中,陶瓷刀具材料以其优异的耐热性、耐磨性和化学稳定性,在高速切削领域和切削难加工材料方面扮演着越来越重要的角色。陶瓷刀具材料主要包括氧化铝、氮化硅及赛隆系列。其他陶瓷材料,例如氧化锆、膨化钛陶瓷等作为刀具材料也有使用。

(2) 用陶瓷材料制造轴承

传统的轴承多采用金属制成,以油作为润滑介质,但在使用中有许多缺点,如不适用于高温、高速、有化学腐蚀的场合,油润滑易泄漏,污染环境等,采用陶瓷材料制造轴承可以弥补金属轴承的不足。

$Si_3N_4$ 以其优良的性能成为制造陶瓷滚动轴承的首选材料,已经在高速车床、航空航天发动机、化工机械和设备等许多领域得到了应用。德国的 KGM 工厂制造的 $Si_3N_4$ 轴承使用的领域包括高温、水、酸、硫介质、水下作业、饮料工业、酸处理工厂、化工医药设备以及印染、渔业设备。实践证明,陶瓷作为一种滚动轴承材料使用是成功的。

(3)陶瓷材料的其他用途

用陶瓷材料可以制作铸型。陶瓷型铸造是以陶瓷作为铸型材料的一种铸造方法,铸出的铸件精度和表面质量均优,可以不经切削或只进行很少的切削加工,属于精密铸造方法的一种。

有些加工机械中高速运转的零部件采用塑料、化纤、橡胶等制成。这些零部件易受磨损、受助剂和加工时降解物的腐蚀。用结构陶瓷零件替代正好可以弥补这一不足。不锈钢拉伸时,金属模具与工件易发生黏着磨损,使工件表面划伤,模具寿命降低。采用氮化硅陶瓷模具可以克服这些缺点。由于氮化硅陶瓷与不锈钢材质差异很大,因此模具与工件之间不易黏着。另外,氮化硅陶瓷硬度很高,抗磨损能力强,因此可以显著提高模具使用寿命。

## 5.3　复合材料及应用

### 1. 复合材料的概念

复合材料使用的历史可以追溯到古代。从古至今沿用的稻草增强黏土和已使用上百年的钢筋混凝土均由两种材料复合而成。20世纪40年代,因航空工业的需要,发展了玻璃纤维增强塑料(俗称玻璃钢),从此出现了复合材料这一名称。20世纪50年代以后,陆续发展了碳纤维、石墨纤维和硼纤维等高强度和高模量纤维。从20世纪60年代开始,开发出多种高性能纤维。20世纪70年代出现了芳纶纤维和碳化硅纤维。这些高强度、高模量纤维能与合成树脂、碳、石墨、陶瓷、橡胶等非金属基体或铝、镁、钛等金属基体复合,构成各具特色的复合材料。20世纪80年代以后,由于人们丰富了设计、制造和测试等方面的知识和经验,加上各类作为复合材料基体材料的使用和改进,使现代复合材料的发展达到了更高的水平,即进入高性能复合材料的发展阶段。

复合材料是由两种以上不同的原材料组成,使原材料的性能得到充分发挥,并通过复合化而得到单一材料所不具备的性能的材料。复合材料最大特点是其性能比组成材料的性能优越得多,大大改善或克服了组成材料的弱点,从而使得能够按零件的结构和受力情况并按预定的、合理的配套性能进行最佳设计,甚至可创造单一材料不具备的双重或多重功能,或者在不同时间或条件下发挥不同的功能。

例如,汽车的玻璃纤维挡泥板单独使用玻璃会太脆,单独使用聚合物材料则强度低而且挠度满足不了要求,但强度和韧性都不高的这两种单一材料经复合后得到了令人满意的高强度、高韧性的新材料,而且质量很轻。用缠绕法制造的火箭发动机壳,由于玻璃纤维的方向与主应力的方向一致,所以在这一方向上的强度是单一树脂的20多倍,从而最大限度地发挥了材料的潜能。自动控温开关是由温度膨胀系数不同的黄铜片和铁片复合而成的,如果单用黄铜片或铁片,不可能达到自动控温的目的。导电的铜片两边加上两片隔热、隔电塑料,可实现一定方向导电、另外方向绝缘及隔热的双重功能。由此可见,在生产、生活中,复合材料有着极其广泛的应用。

### 2. 复合材料的性能特点

(1)比强度和比模量高。比强度和比模量是度量材料承载能力的一个指标。比强度越高,同一零件的自重越小;比模量越高,零件的刚性越大。

　　(2) 抗疲劳性能好。复合材料对缺口、应力集中敏感性小，特别是纤维增强的树脂基复合材料，基体良好的强韧性降低了裂纹扩展速度，大量的增强纤维对裂纹又有阻隔作用，阻止疲劳裂纹扩展并改变裂纹扩展方向，因此具有较高的疲劳极限。碳纤维增强树脂复合材料的疲劳性能更好。

　　(3) 良好的减振性能。复合材料的比模量高，可以较大程度地避免构件在工作状态下产生共振。纤维与基体界面有吸收振动能量的作用，阻尼特性好，使振动很快地衰减下来。

　　(4) 良好的高温性能。复合材料中增强材料的熔点都较高，其中增强纤维的熔点一般都在 2000℃ 以上，而且在高温条件下仍然保持较高的强度，故用它们增强的复合材料具有较高的高温强度和弹性模量。如高性能树脂基复合材料能耐 200～300℃ 的温度，金属基复合材料能耐 300～500℃ 的高温，陶瓷基复合材料能耐 1000℃ 以上的高温。而航空中大量使用铝合金在 4000℃ 时强度由 500MN/m$^2$ 降到 30～50MN/m$^2$，弹性模量几乎为零，当用碳纤维或硼纤维增强后，在此温度强度和弹性模量基本上与室温相同。

　　(5) 断裂安全性能好。纤维增强复合材料中存在大量相对独立的纤维，与塑韧性基体结合成一个整体。当复合材料构件由于过载或其他原因而部分纤维断裂时，载荷会重新分配到未断裂的增强纤维上，避免结构在很短的时间内突然破坏，从而使构件丧失承载能力的过程延长。

### 3. 复合材料的应用领域

　　(1) 纤维增强铝基复合材料具有比强度、比模量高，尺寸稳定性好等一系列优异性能，目前主要用于航天领域，作为航天飞机、人造卫星、空间站等的结构材料，见图 5.29。

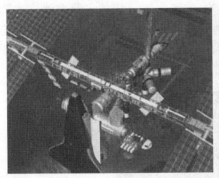

图 5.29　复合材料空间站和航天飞机

　　(2) 树脂基纤维复合材料是以纤维为增强体、树脂为基体的复合材料，所用的纤维有碳纤维、芳纶纤维、超高模量聚乙烯纤维等，基体一般为热固性聚合物和热塑性聚合物两类。

　　先进的树脂基复合材料具有优异的力学性能和明显的减重效果，在飞机等现代化武器领域得到普遍应用，美国的 F-22 战机机身蒙皮全都是高强度、耐高温的树脂基复合材料，其中热固性复合材料用量高达 23％。F-119 发动机用树脂基复合材料取代钛合金制造风扇送气机区，可节省结构质量 6.7kg；用树脂基复合材料风扇叶片取代现在的钛合金空心风扇叶片，减轻结构质量的 30％。先进树脂基复合材料还可用于制造飞机的"机敏"结构，使承载结构、传感器和操纵系统合为一体，从而可以探测飞机飞行状态和部件的完整性，自行调节控制部件，提高飞机的飞行性能，降低维修费用，保证飞机安全。树脂基复合材料的应用已由小型、简单的次承力构件发展到大型、复杂的主要承力构件；从单一的构件发展到结构/吸波、结构/透波、结构/防弹等多功能一体化结构。

聚氰酸脂基复合材料是先进树脂基复合材料的新类型,它的吸湿率低,具有优异的耐湿热性能,电性能尤其突出,主要用于雷达天线罩的制造。聚醚醚酮与碳纤维或芳酰胺纤维热压成形的复合材料强度可达 1.8GPa,模量为 120GPa,热变形温度为 300℃,在 200℃ 以下保持良好的力学性能,还具有阻燃性和抗辐射性,可用于机翼、天线部件和雷达罩等。芳纶纤维增强树脂基复合材料可用于火箭固体发动机壳体;由于芳纶具有良好的冲击吸收能,已用于防弹头盔和防穿甲弹坦克;还可用作防弹背心的防弹插板,插于防弹背心的前片和后片,以提高这些部位的防弹能力;同时也是防弹运钞车装甲的首选材料。聚丙烯腈基复合材料具有强度高、刚度高、耐疲劳、质量轻等优点,美国的 AV-8B 垂直起降飞机采用这种材料后质量减轻了 27%,F-18 战斗机减轻了 10%。

(3) 硼-铝复合材料是实际应用最早的金属基复合材料,美国和苏联的航天飞机中的机身框架及支柱和起落架拉杆等都用硼-铝复合材料制成。

(4) 石墨-铝复合材料最成功的应用是美国的哈勃望远镜的两个兼作波导管用的长为 3.6m 的长方形天线支架,此外还可用于人造卫星或天文望远镜支架、$L$ 频带平面天线人造卫星抛物面天线、照相机波导管和镜筒、红外反射镜等。

(5) 石墨纤维增强镁基复合材料由于具有最高的比强度和比模量、最好的抗热变形阻力,成为理想的航天结构材料,已被用于制造卫星的 10m 直径的抛物面天线及其支架和航天飞机的大面积蜂窝结构蒙皮材料。

(6) 碳/碳复合材料用于航天飞机轨道飞行器的耐热材料、火箭发动机的喷管和导弹等的耐热材料。民用部件用做赛车传动轴和刹车片,见图 5.30。固体火箭发动机喷管、喉道、出口锥、喷嘴,导弹和再入飞行器头部,高超音速飞行器头罩和天线,空间电源装运箱,真空/惰性气体炉隔热层,热压模具,超塑金属成形模具,金属烧结盘,半导体制造件,高温化学反应设备等。

图 5.30　碳/碳复合材料刹车盘

(7) 碳纤维增强复合材料是由于碳纤维增强聚合物基复合材料有足够的强度和刚度,其适于制造汽车车身、底盘等主要结构件的最轻材料。预计碳纤维复合材料的应用可使汽车车身、底盘减轻质量 40%~60%,相当于钢结构质量的 1/3~1/6。英国材料系统实验室曾对碳纤维复合材料减重效果进行研究,结果表明碳纤维增强聚合物材料车身重 172kg,而钢制车身质量为 368kg,减重约 50%。并且当生产量在 2 万辆以下时,采用 RTM 工艺生产复合材料车身成本要低于钢制车身。但由于碳纤维成本过高,碳纤维增强复合材料在汽车中的应用有限,仅在一些 F1 赛车、高级轿车、小批量车型上有所应用,如 BMW 公司的 Z-9、Z-22 的车身,M3 系列车顶篷和车身,GM 公司的 Ultralite 车身,福特公司的 GT40 车身、保时捷 911 GT3 承载式车身等。碳纤维复合材料具有足够的强度和刚度以及优良的综合性能,它的应用将可大幅度降低汽车自重达 40%~60%,对汽车轻量化具有十分重要的意义,已成为汽车轻量化材料的重要发展方向。

(8) 陶瓷基复合材料是在陶瓷基体中引入第二相组元构成的多相材料,它克服了陶瓷材料固有的脆性,已成为当前材料科学研究中最为活跃的一个方面,由微米级陶瓷复合材料发展到纳米级陶瓷复合材料。陶瓷基复合材料的基体有陶瓷、玻璃和玻璃陶瓷,主要的增强体是晶须和颗粒。陶瓷基复合材料具有密度低、抗氧化、耐热、比强度和比模量高、热机械性能和抗热震冲击性能好的特点,工作温度在 $1250\sim1650℃$,可用作高温发动机的部件,是未来军事工业发展的关键支撑材料之一。陶瓷材料的高温性能虽好,但其脆性大。改善陶瓷材料脆性的方法包括相变增韧、微裂纹增韧、弥散金属增韧和连续纤维增韧等。

陶瓷基层状复合材料具有独特的力学性能和抗破坏能力,可望在高温和机械冲击下作为使用部件的表面材料,主要用于制作飞机燃气涡轮发动机喷嘴阀,在提高发动机的推重比和降低燃料消耗方面具有重要的作用。氧化铝纤维增强陶瓷基复合材料可用作超音速飞机、火箭发动机喷管和垫圈材料。碳化硅纤维增强陶瓷基复合材料不仅具有优异的高温力学性能、热稳定性和化学稳定性,韧性也明显改善,可作为高温热交换器、燃气轮机的燃烧室材料和航天器的防热材料。陶瓷基复合材料因其很高的使用温度($1400℃$甚至更高)和很低的密度($2\sim4g/cm^3$),成为未来高推重比($15\sim20$)发动机涡轮及燃烧系统的首选材料,如用于 F-119 发动机矢量喷管的内壁板等。目前在使用可靠性方面还有些担心,因此只限用于少量非关键受力部件。

## 5.4　智能材料及应用

### 1. 智能材料的概念

智能材料是指其特性能够随着环境的改变而以一种可控的方式发生变化的材料,它们能够将一种能量转化为另一种能量。这为人们利用智能材料完成传感器和执行器的复杂功能开辟了新的途径。材料发展的总趋势:高性能化、多功能化、复合化、精细化、智能化。性能是指材料对外部作用的抵抗特性;功能是指从外部向材料输入一种信号时,材料内部发生量和质的变化而产生输出另一种信号的特性;智能是指一切生命体皆具备的对外界刺激的反应能力。

1989 年日本高木俊宜提出了智能材料(intelligent materials)的概念,是指对环境具有可感知可响应等功能的新材料。美国 R. E. Newnhain 教授提出了灵巧材料(smart materials)的概念,这种材料具有传感和执行功能。其他提法包括:机敏材料、聪敏材料、智能结构、灵巧结构、自适应结构。

### 2. 智能材料的构成

智能材料构成见图 5.31。

(1) 基体材料:承载材料其他三部分(承载作用)。种类:轻质材料(高分子材料、轻质有色合金)。

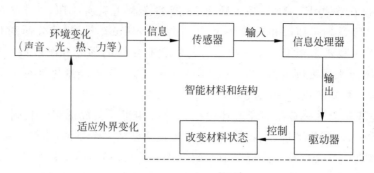

图 5.31　智能材料构成

（2）敏感材料：感知环境变化（传感作用）。种类：光纤材料、压电材料、形状记忆材料、磁致伸缩材料等。

（3）驱动材料：产生应变和应力（响应和控制作用）。种类：压电材料、形状记忆材料、电（磁）流变体、磁致伸缩材料、刺激响应性高分子凝胶等。

（4）信息处理器：信息处理器是核心部分，它对传感器输出信号进行判断处理。

**3. 智能材料的特征**

从仿生学的观点出发，智能材料内部应具有或部分具有以下生物功能：

传感功能：能感知自身所处的环境与条件，如负载、应力、应变、振动、热、光、电、磁、化学、核辐射等的强度及其变化。

反馈功能：能通过传感神经网络，对系统的输入和输出信息进行比较，并将结果提供给控制系统，从而获得理想的功能。

信息积累和识别功能：能积累信息，能识别和区分传感网络得到的各种信息，并进行分析和解释。

学习能力和预见性功能：能通过对过去经验的收集，对外部刺激作出适当反应，并可预见未来并采取适当的行动。

响应性功能：能根据环境变化适时地动态调节自身并作出反应。

自修复功能：能通过自生长或原位复合等再生机制来修补某些局部破损。

自诊断功能：能对现在情况和过去情况作比较，从而能对诸如故障及判断失误等问题进行自诊断和校正。

自动动态平衡及自适应功能：能根据动态的外部环境条件不断自动调整自身的内部结构，从而改变自己的行为，以一种优化的方式对环境变化作出响应。

**4. 智能材料的分类**

若按智能材料的功能来分，可以分为光导纤维、形状记忆合金、压电、电流变体、电（磁）致伸缩材料和光纤传感器等。若按智能材料的来源来分，可以分为金属系智能材料、无机非金属系智能材料和高分子系智能材料。

（1）金属系智能材料。金属材料强度比较大、耐热性好、耐腐蚀性能好，因此经常作为结构材料用在航空、航天、原子能工业。金属材料在使用过程中会产生疲劳龟裂和蠕变变形而损伤，所以希望金属系智能材料不仅检测自身的损伤，而且可将其抑制，具有自修复功能，从而确保使用过程中的稳定性。目前研究开发的金属系智能材料主要有形状记忆合金、磁致伸缩材料等。

（2）无机非金属系智能材料。最初的考虑：局部吸收外力以防止材料整体破坏。电（磁）流变流体是其中典型。

（3）高分子系智能材料。特点：多重亚稳态、多水平结构层次、较弱的分子间作用力，侧链易引入各种官能团——利于感知和判断环境，实现环境响应。主要种类：刺激响应性高分子凝胶、智能高分子膜材、智能药物释放体系、智能纤维与织物等。

（4）复合和杂化型智能材料。

**5．智能材料的应用**

（1）在航空方面的应用

智能蒙皮：智能蒙皮是在飞行器蒙皮中植进传感元件、驱动元件和微处理控制系统。它的功能包括：流体边界层控制、结构健康检测、振动与噪声控制、多功能保型天线等。可以实时监测或监控蒙皮损伤，并可使蒙皮产生需要的变形，使结构不仅具有承载功能，还能感知和处理内外部环境信息，并通过改变结构的物理性质使结构形变，对环境作出响应，实现自诊断、自适应、自修复等多种功能。其中利用智能蒙皮进行边界层控制是通过把边界层维持层流状态，或者对湍流进行控制，大大减小了飞行器飞行中的阻力，延迟在机翼中的空气活动分离，从而进步飞行器性能，减少燃料的消耗。由于飞行器的蒙皮一般都很薄，要求埋进的传感器体积小，对基体结构的损伤要小，符合条件的传感器有光纤、含金属芯压电陶瓷纤维、PVDF 等。智能蒙皮的研究始于 20 世纪 70 年代末，研究目的主要是军事应用，特别是美国军方和宇航部门一直对其持积极态度，以开发未来的航空飞行器。从 20 世纪 70 年代末到 20 世纪 80 年代中期，主要工作是智能蒙皮的基础探索，进行了传感器和复合材料之间的相容性、埋置特性和埋置结构等探索研究，从 20 世纪 80 年代后期开始进行广泛的基础研究和试验阶段。利用智能蒙皮产生局部微流场从而实现对主流场进行控制的技术，概括起来有两种方式。

第一种方式：当智能蒙皮处在特定状态的流场中，压电或外形记忆合金驱动器产生作用，使智能蒙皮发生局部变形或振动，对主流场产生一个微流场扰动，达到延缓分离的目的。Kentucky 大学的研究组，利用 THUNDER 压电驱动器产生翼面振动控制流场分离。通过对 NACA4415 翼型的理论与试验证实了这种控制方式在低雷诺数下可以很好地控制低速流场的分离。空客公司在 A340 机翼上运用了自适应翼面鼓包技术，实现延缓分离。

第二种方式：直接采用向主流场吹吸微射流的方式实现对主流场的控制。其中合成射流技术是当前研究的重点。Maryland 大学将 PZT-黄铜隔膜的 SJA 阵列集成于无人飞行器缩比模型的机翼中，通过理论分析获得 SJA 的最佳激励参数，然后通过风洞试验验证了合成射流可以有效地提高飞升系数，升阻比进步了 16%。NASA Langley 研究中心在研究底部板式隔膜和腔内悬臂式振动膜驱动性能的同时，还对合成射流的测试与评价试验系统进行研究。

自适应机翼：为了满足高性能飞行器研制需求，自适应机翼技术作为一项关键技术将发挥其在改善飞机飞行性能方面的重要作用。自适应机翼具有翼型自适应能力，根据不同的飞行条件改变机翼外形参数，如机翼的弦高、翼展方向的弯曲和机翼厚度，采用最优方式，使机翼能得到空气动力学方面的好处：它可以有效改善翼面流场、延缓气流分离、增加升力和减少阻力，从而提高飞行器的机动性和载荷能力，抑制气动噪声与振动，并能改善雷达探测的散射截面,从而有利于飞行器的隐身。常规的刚性机翼表面导致空气较早的分离,使阻力增加、升力减小。

　　机翼外形的变化范围有三种标准:一是小标准变形,即改变机翼的局部外形来控制局部气流;二是中等标准变形,即产生翼弦量级的变形,如改变机翼弯度、厚度、扭转角或剖面外形;三是大标准变形,即改变机翼面积、后掠角等。在 MAS 计划实施之前的研究主要针对中等标准变形(如改变机翼弯度和扭转角)和小标准变形(如产生局部鼓包和振荡表面延迟气流分离),MAS 计划则主要研究大标准变形(如改变机翼面积、平面外形)。

　　无论机翼变形标准的大小是多少,机翼的自适应变形无一例外都是通过以两种技术途径来实现的:第一种途径是通过智能材料的诱导应变来驱动结构产生所需要的形变。其中,压电材料外形记忆合金以及磁致伸缩材料最具作为自适应机翼变形作动器的潜力。另一种途径是采用目前的常规材料结构结合成熟的控制和驱动技术,融进自适应机翼的概念,采用特殊的一体化结构/机构形式来实现机翼结构可控的自适应变形,见图 5.32。

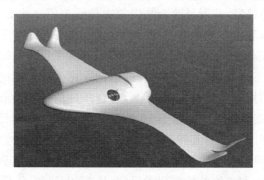

图 5.32　智能材料制作的自适应机翼

　　例如,DARPA 开展了关于智能机翼(smart wing program)的一系列研究,其目的是验证将智能材料与结构用于自适应机翼结构,实现无缝无铰链的连续机翼变形,改善飞机的气动和气弹特性。2004—2006 年,在由 DARPA 资助的称为 N-MAS(next generation morphing aircraft structures)的研究计划中,NextGen 航空技术公司研制了重 100 磅(45.4kg)的可变翼飞行器 MX-1,在跨声速风洞内完成了全尺寸飞机的风洞试验,模拟了风速达到了马赫数 0.92、高度在 50000ft(15240m)时的飞行状况,柔性变体机翼承受住了气动升力、阻力、弯矩和扭矩的各种载荷。波音公司研发的“任务自适应机翼”(MAW)技术,可以使翼型随飞行速度自动改变,从而改善机翼的飞行性能及气动特性。对 F-111 战斗机基于智能结构技术进行改装,使得该战斗机具有“任务自适应机翼”功能,该机翼取消了传统的控制面,采用柔性复合材料表层,数字飞行控制系统和液压驱动器,可自适应地调节前后缘曲度,通过改变翼剖面外形,改善飞机机动、巡航、荷载以及起降性能,以达到最佳的气转动性控制和气动性能与操纵性能。戴姆勒·奔驰宇航公司与德国宇航研究院(DLR)提出了一种可变翼肋自适应机翼的构型。这种机翼的后缘能够平滑地连续变形,研究表明,该机翼的升阻比较常规机翼的升阻比进步约 17%,并使得飞机阻力降低 1 个百分点,从而可相应降低油耗。

　　(2) 在抑制振动和噪声方面的应用

　　传感元件对结构的振动进行监测,驱动元件在微电子系统的控制下准确地动作以改变结构的振动状态——具有振动和噪声主动控制功能的智能结构,成功应用在减轻汽车、飞机振动和噪声。

将压电材料置于结构表面或内部用来感测振动,利用经过放大的输出功率去驱动另一个粘贴于不同区域的压电材料,来减小振动反应。这种方法已经成功地应用在降低圆柱型卫星天线桅杆的振动。

电(磁)流变体在复合材料悬臂梁的空腔内注入电流变体,通过外加电场改变电流变体的状态,从而实时控制梁的刚度、阻尼,实现对结构整体振动的主动控制。

(3) 在微机械的应用

常用作微机械材料的智能材料有硅材料、形状记忆合金、电致伸缩材料、电(磁)流变材料、导电聚合物、储氢材料等。

硅材料由于硅具有很好的弹性,优良的压电阻效应、霍尔效应等传感特性,容易生成绝缘膜等优势,在微机械、微机器人用材料中最受关注。更重要的是随着微电子技术的迅猛发展,各种大规模、超大规模、特大规模硅集成电路的开发研制使硅的微细加工技术已相当成熟。给源于硅集成制造技术的微机械加工方法提供了基础技术。近年来,已开发出硅微静电电机,执行器直径为 $100\mu m$ ,转子与定子的间隙为 $1\sim2\mu m$ ,当工作电压为 35V 时,转速达 1500r/min。另一个成功的例子便是硅微加速度计及各种用途的微型传感器。目前,MIT 在硅片上制作涡轮机,其目标是直径 1cm 的发动机产生的电力或推力,最终达到 $10\sim20W$ 电力。整个微型涡轮发动机包括一个空气压缩机、涡轮机、燃烧室、燃料控制系统及电启动马达(发动机)。

形状记忆合金是智能结构中最先应用的一种驱动元件。它的特点是具有形状记忆效应,研究已表明,这种形状记忆的效应是由于马氏体相变造成的。根据其对不同温度下形状的记忆能力可分为单程、双程、全方位形状记忆。形状记忆合金可作为驱动器,具有很多优点:可以实现多种变形形式,易于和基体材料融合,变形量大,加热激励时能产生很大的恢复应力,从马氏体相逆变到奥氏体相后,弹性模量提高 5 倍等。

形状记忆合金目前最大的用量是制造管子接头,如美国 F-14 型战斗机上的油压系统接头,用形状记忆合金制造,无泄漏与破损。具体做法是将低温(马氏体状态)扩张的管接头,套在要连接的两个管子上,让温度上升至室温(母相状态),套管的内径便恢复成原来的大小(比要套管外径稍小),并把两个管子咬紧,实现了管连接,如图 5.33 所示。

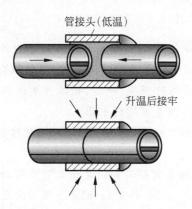

图 5.33　形状记忆合金作管接头

微机械用智能材料结构领域受到人们的重视。日本筑波大学制作的钛镍合金薄膜具有较好的形状记忆效果。日本早稻田大学研制成功用薄层可逆钛镍形状记忆合金制作微型机器人,可实现机器人多自由度运动。因可逆形状记忆合金能作双向全圆活动,每个自由度只有一片这种记忆合金制成的主要弯曲架,非常适宜于作微型机器人的工作臂。

# 思 考 题

5.1　工程材料大致可以分为几大类? 分别是什么?

5.2　金属材料可以分为几类? 分别是什么?

5.3　合金钢有哪几类? 各有什么用途?

5.4　灰口铸铁按照石墨的形态可以分为几类? 分别是什么?

5.5　LY、LC、ZL 分别表示什么?

5.6　列举说明陶瓷材料在机械工程中的应用。

# 拓 展 资 料

## 坦克的新装

自 21 世纪以来被冠以"陆战之王"美称的坦克发展日新月异,特别是近 20 年来坦克采用了众多的最新科技和军事科学成果使其得到了不断更新改进,它的性能日趋完善并能保持旺盛的战斗力。

**1. 坦克的性能**

目前坦克装备已具有很高的性能,如 20 世纪 90 年代初法国生产的"战神 15"(Mars 15),Mars 是罗马神话中的战神,以此命名借喻其具有坚固盔甲,是攻无不克的无敌之神。"战神 15"具有出色的机动性、杀伤力极强的多样化武器以及坚固的防护性能。此外,它还配备有自动灭火系统、空调系统和监视系统等。

**2. 坦克用复合材料**

新型材料对工业、农业、军工等部门的发展具有重要的意义。现代坦克性能的提高有赖于新材料和诸多高新技术的发展。复合材料具有很好的综合性能,是制造高性能坦克的理想材料。

**3. 防护材料**

为了提高坦克装甲的防护能力以抵御威力强大的穿甲弹的攻击,目前采用复合材料。复合装甲材料就是将两种或两种以上的材料,按照一定的组合方式结合在一起而制成的装甲材料。它比单一材料具有更高的强度、硬度、韧性并要保证具有良好的焊接性能。如钢-贫铀复合材料已为美国 M1A1 坦克装甲所采用。

铀属重金属元素,在天然铀中含铀 235 量低于 $0.7\%$ 时称贫铀。贫铀的密度可达 $18.3 \sim 18.9 \mathrm{g/cm^3}$,约为钢的 2.5 倍。

钢-贫铀复合材料即以高硬度贫铀与钢经复合工艺使贫铀与钢牢固地结合,再经热处理而成。其硬度比单一的钢提高 5 倍。将贫铀-钢复合板与陶瓷层、聚合物层再复合制成极高性能的坦克装甲板。这种坦克装甲板中的坚硬陶瓷层在与炮弹接触的瞬间可以改变炮弹轨道,而较软的聚合物层可吸收炮弹的部分动能,因而它可抵御高威力穿甲弹和破甲弹的攻击。

### 4. 隐身材料

先进的精确制导武器在现代战争中已被广泛地采用。当发现目标即意味着它被击毁。为此主战兵器坦克的隐身性能至关重要,坦克用隐身材料也应运而生。目前已研制成功多种隐身材料。在坦克装备上应用的主要有两类:结构复合材料和涂敷材料。

结构复合材料:其主要作用是吸收、屏蔽雷达波。目前已有不同性质的复合材料可供选用。如超高强度聚乙烯纤维复合材料,强度和比强度、比模量高,密度低,耐磨性和耐蚀性能极佳,耐燃性也很好。高强度玻璃纤维与树脂热固复合材料,经模压成形,除具有高强度低密度外,其目标信号特征特别弱且防弹性能也好。减弱噪声和热辐射性能好,具有隔热和吸收部分雷达波的性能,适于制造坦克车体和炮塔。

涂敷材料:具有隔热、吸波功能。如铁氧体、隔热泡沫塑料和介电材料等。它可用于坦克装甲表面的涂敷层或发动机(热源体)的隔热层。此类材料价格较便宜,使用方便并且无损于原装甲的性能。

### 5. 反坦克弹材料

坦克装甲采用复合材料后,其防护能力大为提高,随之,高效高威力穿甲弹材料的研制再度兴起并取得成效。常用的反坦克弹材料有钨合金和铀合金。它们具有高硬度、高密度,用其制造的坦克炮用穿甲弹性能优越,在一定的速度时,可以穿透防护性能很好的复合装甲。以贫铀合金装甲弹弹芯的侵彻力为最好。如俄罗斯 T-80 坦克装配的 125mm 贫铀合金穿甲弹,在 1000m 内可垂直穿透厚度为 660mm 的钢质装甲。

贫铀合金材料还可以用于制造穿甲弹药型罩代替过去的紫铜材料。这种铀合金药型罩,当弹头炸药爆炸时,能形成长度约为 1m 的大密度的且稳定性与连续性均好的金属射流,足以穿透厚度为 600mm 的钢质装甲。

### 6. 坦克发动机材料

氧化硅、碳化硅、部分稳定氧化硼及纤维增强制成的高温陶瓷材料具有低密度、高硬度、耐高温、抗腐蚀和耐磨性好等特性,可用于坦克发动机缸体及其耐热部件,这样可以减小发动机整体尺寸,减轻质量,工作时无须冷却,使坦克的机动能力增强,有效提高坦克的机动性,提高了坦克的战斗力。

# 第6章 现代机械设计方法

**能力培养目标**：通过对几种现代机械设计方法的介绍，使学生认识到现代机械设计不同于传统的机械设计，现代设计更具程式性、创造性、最优化、综合性和计算机化。培养学生运用现代先进设计方法解决工程问题的能力，为实际的设计工作提供指南。

人类在生产实践过程中，创造出如汽车、拖拉机、机床、机器人等各种各样的机械设备。人们利用这些机器，不仅可以减轻体力劳动，还可以提高生产效率。机器装备水平和自动化程度已成为衡量一个国家技术水平和现代化程度的重要标志之一。

机械设计是根据用户的使用要求对专用机械的工作原理、结构、运动方式、力和能量的传递方式、各个零件的材料和形状尺寸、润滑方法等进行构思、分析和计算并将其转化为具体的描述以作为制造依据的工作过程。机械设计是机械工程的重要组成部分，是机械生产的第一步，是决定机械性能的最主要因素。

## 6.1 机械设计的基本方法

### 6.1.1 机械设计的基本要求

机械设计的目的是满足社会生产和生活需求，机械设计的任务就是应用新技术、新工艺、新方法开发适应社会需求的各种新的机械产品，以及对原有机械进行改造，以改变或提高原有机械的性能。机械设计在产品开发中起着关键的作用，为此，要在设计中合理确定机械系统功能、增强机械系统的可靠性、提高其经济性。

机械设计应满足以下的基本要求：

（1）实现预定功能。机械能够实现预定的使用功能，并在规定的工作条件下、工作期限内能够正常地运行。如机床加工零件时应能达到形状、尺寸及精度等要求。

（2）经济合理性要求。机器的合理性是一个综合性指标，包括设计制造经济性和使用经济性。设计制造经济性表现为生产制造过程中生产周期短、制造成本低。使用经济性表现在效率高，能源消耗小，价格低，维护简单等。

（3）可靠性要求。可靠性是指机器在规定的工作条件下、工作期限内完成预定功能的能力，这就要求机器有足够的强度、刚度、稳定性、耐磨性、热平衡性等。

（4）安全性要求。在机器上设置安全保护装置和报警信号系统，以预防事故的发生。

（5）结构合理性要求。按照材料、加工精度、加工和装配工艺性设计结构。

（6）标准化要求。机器零件要符合标准化、系列化、通用化的要求。一般多设计几个方案进行比较，从中选出最优方案。

（7）其他要求。如尽可能降低机器噪声及减少环境污染；尽可能地从美学、色彩学的角度，赋予机器协调的外观和悦目的色彩；尽可能使机器体积小、质量轻，便于安装、运输和储存等。

### 6.1.2　机械设计的一般步骤

机械设计的步骤不是固定的,一般的设计步骤如下:

(1) 计划阶段。计划阶段的主要工作是提出设计任务,明确设计要求。应根据市场需求、用户反映及本企业的技术条件,制定设计对象的功能要求和有关指标等,完成设计任务书。

(2) 方案设计阶段。由设计人员提出多种可行方案,从技术和经济等方面进行分析比对,从中选出一种最优方案。

(3) 技术设计阶段。设计结果以工程图和计算书的形式表达出来。

(4) 技术文件编制阶段。技术文件的种类较多,常用的有机器的设计计算说明书、使用说明书、标准件明细表等。

(5) 试制、试验、鉴定及生产阶段。经过加工、安装及调试制造出样机,对样机进行试运行或在生产现场试用。

以上步骤是相互交错、反复进行的。所以设计过程是一个不断修改、不断完善,最后得到最优化结果的过程。

## 6.2　现代机械设计方法与实例

### 6.2.1　设计技术阶段

从人类生产的进步过程来看,人类从事的整个设计活动进程大致经历了以下 4 个阶段:

**1. 直觉设计阶段**

在古代,人们或是从自然现象中直接得到启示,或是全凭人的直观感觉来设计制作工具。设计方案存在于手工艺人的大脑中,无法记录表达,产品也比较简单。直觉设计阶段在人类历史中经历了一个很长的时期,17 世纪以前都是属于这个阶段,例如雨伞的设计。

**2. 经验设计阶段**

随着生产的发展,单个手工艺人的经验或其头脑中的构想已经很难满足这些要求,于是,手工艺人联合起来,相互协作。一部分经验丰富的手工艺人将自己的经验或构思用图纸记录下来,传于他人,这样既便于对产品进行分析、改进提高,推动设计工作向前发展,还可满足更多的人同时参与同一产品的生产活动,满足社会对产品需求及提高生产率的要求。因此,利用图纸进行设计,使得人类活动由直觉设计阶段发展到经验设计阶段。

**3. 半理论半经验设计阶段(传统设计)**

20 世纪以来,由于科学和技术的发展与进步,设计的基础理论研究和实验研究得到了加强,随着理论研究的深入、实验数据以及设计经验的积累,已形成了一套半经验半理论的设计方法。这种方法以理论计算和长期设计实践而形成的经验、公式、图表、设计手册等作为设计依据,通过经验公式、近似系数或类比等方法进行设计。

**4. 现代设计阶段**

近 30 年来,由于科学和技术迅速发展,对客观世界的认识不断深入,设计工作所需的理论基础和手段有了很大的进步,特别是电子计算机技术的发展及应用,对设计工作产生了革命性的突破,为实现设计工作的自动化和精密计算提供了条件。此外,先进设计还有另一个特点,即对产品的设计已不再仅考虑产品本身,而且还要考虑对系统和环境的影响;不仅要考虑技术领域,还要考虑经济、社会效益;不仅要考虑当前,还需考虑长远的发展。

### 6.2.2　现代机械设计方法

现代机械设计方法就是研究设计过程中能够更加高效、高质量、快速地完成机械产品设计的方法,通常以计算机为辅助工具。现代设计方法种类繁多,是一门正在不断发展的新兴学科。目前,工程实践中应用比较广泛的设计方法有:创新设计、计算机辅助设计、优化设计、可靠性设计、反求工程设计、绿色设计、数字化设计、概念设计、动态设计、智能设计、虚拟设计、可视化设计、有限元法、模块化设计等。

**1. 创新设计**

创新是设计的基本要求,是设计的本质属性。生产者只有通过设计创新才能赋予产品新的功能,也只有通过创新才能使产品具有更强的市场竞争力。产品创新设计是一种设计思想或设计观念。但产品设计的创新应该具有科学性。创新设计可以从以下几个侧重点出发:

(1) 从用户需求出发,以人为本,满足用户的需求。

(2) 从挖掘产品功能出发,赋予老产品以新的功能、新的用途。

(3) 从成本设计理念出发,采用新材料、新方法、新技术,降低产品成本、提高产品质量、提高产品竞争力。

随着信息通信技术的发展,知识社会环境的变化,以用户为中心的、用户参与的创新设计,以用户体验为核心的设计创新模式正在逐步形成。

**2. 计算机辅助设计**

计算机辅助设计(computer aided design,CAD)是利用计算机及其图形设备帮助设计人员进行设计工作。在工程和产品设计中,计算机可以帮助设计人员担负计算、信息存储和制图等项工作。在设计中通常要用计算机对不同方案进行大量的计算、分析和比较,以决定最优方案;各种设计信息,不论是数字的、文字的或图形的,都能存放在计算机的硬盘或移动硬盘里,并能快速地检索;设计人员通常用草图开始设计,将草图变为工作图的繁重工作可以交给计算机完成;利用计算机可以进行与图形的编辑、放大、缩小、平移和旋转等有关的图形数据加工工作。因此,计算机辅助设计不仅可以大大减轻设计人员的劳动,还可以缩短设计周期和提高设计质量,为新产品的开发创造了有利条件。

当前,CAD技术在机械工业中的主要应用有以下几个方面:

(1) 二维绘图。这是最普遍、最广泛的一种应用,用来代替传统的手工绘图。

(2) 图形及符号库。将复杂图形分解成许多简单图形及符号,先存入库中,需要时调出,经编辑修改后插入到另一图形中去,从而使图形设计工作更加方便。

(3) 参数化设计。标准化或系列化的零部件具有相似结构,但尺寸经常改变,采用参数化设计的方法建立图形程序库,调出后赋以一组新的尺寸参数就能生成一个新的图形。

(4) 三维造型。采用实体造型设计零部件结构,经消隐及着色等处理后显示物体的真实形状,还可作装配及运动仿真,以便观察有无干涉。图6.1所示为飞机起落架动态仿真图。

图 6.1　飞机起落架动态仿真图

（5）工程分析。常见的有有限元分析、优化设计、运动学及动力学分析等。此外针对某个具体设计对象还有它们自己的工程分析问题，如注塑模设计中要进行塑流分析、冷却分析、变形分析等。

（6）设计文档或生成报表。许多设计属性需要制成文档说明或输出报表，有些设计参数需要用直方图、饼图或曲线图等来表达。上述这些工作常有一些专门的软件来完成，如文档制作软件及数据库软件等。图 6.2 所示为工时定额表。

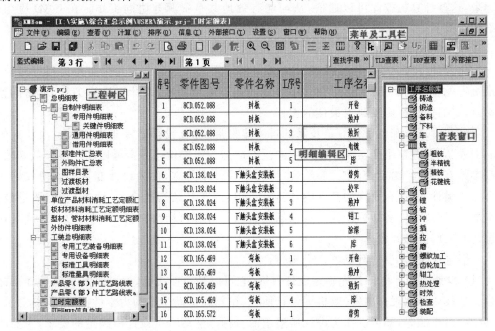

图 6.2　工时定额表

从以上所述的应用情况来看，采用 CAD 技术会带来以下好处：

（1）减少手工绘图时间，提高绘图效率；

（2）提高分析计算速度，解决复杂计算问题；

（3）便于修改设计；

（4）促进设计工作的规范化、系列化和标准化。

总之，采用 CAD 技术可以显著提高产品的设计质量、缩短设计周期、降低设计成本，从而加快了产品更新换代的速度，可使企业保持良好的竞争能力。

当前，CAD 技术还在发展中，该技术在软件方面的进一步发展趋势是：

（1）集成化。为适应设计与制造自动化的要求，特别是近年出现的计算机集成制造系统的要求，进一步提高集成水平是CAD/CAM系统发展的一个重要方向。

（2）智能化。目前，现有的CAD技术在机械设计中只能处理数值型的工作，包括计算、分析与绘图。然而在设计活动中存在另一类符号推理型工作，包括方案构思与拟定、最佳方案选择、结构设计、评价、决策以及参数选择等。这些工作依赖于一定的知识模型，采用符号推理方法才能获得圆满解决。因此将人工智能技术，特别是专家系统的技术，与传统CAD技术结合起来，形成智能化CAD系统是机械CAD发展的必然趋势。

（3）标准化。随着CAD技术的发展，工业标准化问题越来越显出它的重要性。迄今已制定了不少标准，随着技术的进步，新标准还会出现，基于这些标准推出的有关软件是一批宝贵的资源，用户的应用开发常常离不开它们。

（4）可视化。可视化是指运用计算机图形学和图像处理技术，将设计过程中产生的数据及计算结果转换为图形或图像在屏幕上显示出来，并进行交互处理，使冗繁、枯燥的数据变成生动、直观的图形或图像，激发设计人员的创造力。

（5）网络化。计算机网络技术的运用，将各自独立的、分布于各处的多台计算机相互连接起来，这些计算机彼此可以通信，从而能有效地共享资源并协同工作。在CAD应用中，网络技术的发展，大大地增强了CAD系统的能力。

**3. 优化设计**

优化设计（optimal design）是选定在设计时力图改善的一个或几个量作为目标函数，在满足给定的各种约束条件下，以数学中的最优化理论为基础，以计算机为工具，不断调整设计参量，最后使目标函数获得最佳的设计。

随着数学理论和电子计算机技术的进一步发展，优化设计已逐步形成为一门新兴的独立的工程学科，并在生产实践中得到了广泛的应用。通常设计方案可以用一组参数来表示，这些参数有些已经给定，有些没有给定，需要在设计中优选，称为设计变量。如何找到一组最合适的设计变量，在允许的范围内，能使所设计的产品结构最合理、性能最好、质量最高、成本最低（即技术经济指标最佳），有市场竞争能力，同时设计的时间又不要太长，这就是优化设计所要解决的问题。

一般来说，优化设计有以下几个步骤：

（1）设计课题分析。首先确定设计目标，它可以是单项指标，也可以是多项设计指标的组合。从技术经济观点出发，就机械设计而言，机器的运动学和动力学性能、体积与总量、效率、成本、可靠性等，都可以作为设计所追求的目标。然后分析设计应满足的要求，主要的有某些参数的取值范围；某种设计性能或指标按设计规范推导出的技术性能；还有工艺条件对设计参数的限制等。

（2）建立数学模型。将实际设计问题用数学方程的形式予以全面、准确地描述，其中包括确定设计变量，即哪些设计参数参与优选；构造目标函数，即评价设计方案优劣的设计指标；选择约束函数，即把设计应满足的各类条件以等式或不等式的形式表达。建立数学模型要做到准确、齐全这两点，即必须严格地按各种规范作出相应的数学描述，必须把设计中应考虑的各种因素全部包括进去，这对于整个优化设计的效果是至关重要的。

（3）选择最优化算法。根据数学模型的函数形态、设计精度要求等选择使用的优化方法，并编制出相应的计算机程序。

（4）上机计算择优。将所编程序及有关数据输入计算机,进行运算,求解得最优值,然后对所算结果作出分析判断,得到设计问题的最优设计方案。

上述优化设计过程的核心:一是分析设计任务,将实际问题转化为一个最优化问题,即建立优化问题的数学模型;二是选用适用的优化方法在计算机上求解数学模型,寻求最优设计方案。

**4. 可靠性设计**

可靠性设计(reliability design)即根据可靠性理论与方法确定产品零部件以及整机的结构方案和有关参数的过程。它包括设计方案的分析、对比与评价,必要时也包括可靠性试验、生产制造中的质量控制设计及使用维护规程的设计等。

目前,进行可靠性设计的基本内容大致有以下几个方面:

（1）根据产品的设计要求,确定所采用的可靠性指标及其量值。

（2）进行可靠性预测。可靠性预测是指在设计开始时,运用以往的可靠性数据资料计算机械系统可靠性的特征量,并进行详细设计。在不同的阶段,系统的可靠性预测要反复进行多次。

（3）对可靠性指标进行合理的分配。首先,将系统可靠性指标分配到各子系统,并与各子系统能达到的指标相比较,判断是否需要改进设计。然后,再把改进设计后的可靠性指标分配到各子系统。按照同样的方法,进而把各子系统分配到的可靠性指标分配到各个零件。

（4）把规定的可靠度直接设计到零件中去。

可靠性设计具有以下特点:

（1）传统设计方法是将安全系数作为衡量安全与否的指标,但安全系数的大小并没有同可靠度直接挂钩,这就有很大的盲目性。可靠性设计与之不同,它强调在设计阶段就把可靠度直接引进到零件中去,即由设计直接确定固有的可靠度。

（2）传统设计方法是把设计变量视为确定性的单值并通过确定性的函数进行运算,而可靠性设计则把设计变量视为随机变量并运用随机方法对设计变量进行描述和运算。

（3）在可靠性设计中,由于应力和强度都是随机变量,所以判断一个零件是否安全可靠,就以强度大于应力的概率大小来表示,这就是可靠度指标。

（4）传统设计与可靠性设计都是以零件的安全或失效作为研究内容,因此,两者间又有着密切的联系。可靠性设计是传统设计的延伸与发展。在某种意义上,也可以认为可靠性设计只是传统设计在方法上把设计变量视为随机变量,并通过随机变量运算法则进行运算而已。

**5. 反求工程设计**

反求工程设计(reverse engineering design)又称逆向工程或反向工程设计,类似于反向推理,属于逆向思维体系。它以社会方法学为指导,以现代设计理论、方法、技术为基础,运用各种专业人员的工程设计经验、知识和创新思维,对已有的产品进行解剖、分析、重构和再创造。它是一个从样品生成产品数字化信息模型,并在此基础上进行产品设计开发及生产的过程。

经过多年来的应用实践表明,反求工程具有如下特点:

（1）可以使企业快速响应市场,大大缩短产品的设计、开发及上市周期,加快产品的更新换代速度,降低企业开发新产品的成本与风险。

（2）适合于单件、小批量、形状不规则的零件的制造,特别是模具的制造。

（3）对于设计与制造技术相对落后的国家和地区,反求工程是快速改变其落后状况,提高设计与制造水平的好方法。

产品的技术引进涉及产品的消化、吸收、仿制、改进、生产经营管理和市场营销等多个方面,它们组成了一个完整的系统。反求工程就是对这个系统进行分析和研究的一门专门技术。但应该指出的是,对反求工程的研究和应用,目前仍处于发展初期,主要是对已有产品或技术进行分析研究,掌握其功能、原理、结构、尺寸、性能参数和材料,特别是关键技术,并在此基础上进行仿制或改进设计,来开发出更先进产品。在反求工程的具体实施过程中,对实物进行测绘并对零件进行再设计后,进入加工工艺分析及制造阶段,再对复制出的零件和产品进行功能检验。因此,整个反求工程技术大致分三个阶段:

（1）认识阶段。通过对所需复制零件进行全面的功能分析及其加工方法分析,由设计人员确定出零件的技术指标以及零件中各几何元素拓扑关系,掌握该零件的关键技术。

（2）再设计阶段。再设计阶段是指从零件测量规划的制定一直到零件 CAD 模型的重构,这个阶段主要完成的工作有测量规划、测量数据、数据处理及修正、曲面重构、零件 CAD 模型生成。测量规划是按照认识阶段的分析结果,根据零件的技术指标和几何元素间的拓扑关系,制定出与测量设备相匹配的测量方案和计划。

（3）加工制造及功能检测阶段。这个阶段的工作是根据零件的加工方法不同,制定出相应的加工工艺。例如,有的零件 CAD 模型可直接通过快速原型制造得到样件原型;有的 CAD 模型可直接经 CAM 软件生成 NC 数控代码,到加工中心或其他数控设备上加工出该零件。最后,还要对加工出的零件功能进行检验,如果不合格,则要重新进行再设计和再加工、检验,直到合格为止。

**6. 绿色设计**

绿色设计(green design)也称生态设计、环境设计、环境意识设计。在产品整个生命周期内,着重考虑产品环境属性(可拆卸性、可回收性、可维护性、可重复利用性等)并将其作为设计目标,在满足环境目标要求的同时,保证产品应有的功能、使用寿命、质量等要求。绿色设计的原则被公认为"3R"的原则,即 Reduce、Reuse、Recycle,减少环境污染、减小能源消耗,产品和零部件的回收再生循环或者重新利用。

绿色设计的特点主要表现为如下方面:

（1）绿色设计时针对产品整个生命周期;

（2）绿色设计时并行闭环设计;

（3）绿色设计有利于保护环境,维护生态系统平衡;

（4）绿色设计可以减少不可再生资源的消耗;

（5）绿色设计的结果是减少了废弃物数量及其处理的棘手问题。

绿色设计的内容主要包括:

（1）绿色材料及其选择

绿色材料是指在满足一般功能要求的前提下,具有良好的环境兼容性的材料。绿色材料在制备、使用以及用后处置等生命周期的各阶段,具有最大的资源利用率和最小的环境影响。

（2）产品的可回收性设计

可回收性设计是在产品设计初期应充分考虑其零件材料的回收可能性、回收价值大小、回收处理方法、回收处理结构工艺性等与回收性有关的一系列问题,最终达到零件材料资源、能源的最大利用,并对环境污染为最小的一种设计思想和方法。

(3) 产品的可拆卸设计

现代机电产品不仅应具有优良的装配性能,还必须具有良好的拆卸性能。可拆卸设计是一种使产品容易拆卸并能从材料回收和零件重新使用中获得最高利润的设计方法学。可拆卸性是绿色设计的主要内容之一,也是绿色设计中研究较早且较系统的一种方法,它研究如何设计产品才能高效率、低成本地进行组件、零件的拆卸以及材料的分类拆卸,以便重新使用及回收,它要求在产品设计的初级阶段就将可拆卸性作为结构设计的一个评价准则,使所设计的结构易于拆卸,因而维护方便,并可在产品报废后可重用部分充分有效地回收和重用,以达到节约资源和能源、保护环境的目的。

(4) 绿色包装设计

绿色包装是国际环保发展趋势的需要,是指采用对环境和人体无污染,可回收重用或可再生的包装材料及其制品的包装。绿色包装的特点:材料最省,废弃物最少;易于回收利用和再循环;包装材料可自行降解且降解周期短;包装材料对人体和生物系统应无毒无害;包装产品在其生命周期全程中,均不应产生环境污染。

(5) 绿色产品的成本分析

对绿色产品而言,只考查其职责设计方案的技术绿色性是不够的,还需要进一步进行成本分析。绿色产品的成本分析不同于传统的成本分析,在产品设计初期,就必须考虑产品的回收、再利用等性能。因此,成本分析时就必须考虑污染物的替代、产品拆卸、重复利用成本,特殊产品相应的环境成本等。绿色产品生命周期成本一般包括:设计成本;制造成本;营销成本;使用成本和回收处理成本。

(6) 绿色产品设计数据库与知识库

绿色设计数据是指在绿色设计过程中所使用的相关数据;绿色设计知识是指支持绿色设计决策所需的规则。绿色设计由于涉及产品生命周期全过程,因而设计所需的数据和知识是产品生命周期各阶段所得的数据和知识的有机融合与集成。

绿色设计数据库与知识库应包括产品生命周期中与环境、经济、技术、对策等有关的一切数据与知识,如材料成分,各种材料对环境的影响值,材料自然降解周期,人工降解时间、费用、制造、装配、销售、使用过程中所产生的附加物数量级对环境的影响值,环境评估准则所需的各种判断标准,设计经验等。

**7. 有限元法**

有限元法也叫有限单元法(finite element method,FEM),是随着电子计算机的发展而迅速发展起来的一种弹性力学问题的数值求解方法。有限元法是一种计算机模拟技术,使人们能够在计算机上用软件模拟一个工程问题的发生过程而无须把东西真的做出来。这项技术带来的好处就是,在图纸设计阶段就能够让人们在计算机上观察到设计出的产品将来在使用中可能会出现什么问题,不用把样机做出来在实验中检验会出现什么问题,可以有效降低产品开发的成本,缩短产品设计的周期。图 6.3 所示为使用有限元软件开发赛车。

有限元法最初的思想是把一个大的结构划分为有限个称为单元的小区域,在每一个小区域里,假定结构的变形和应力都是简单的,小区域内的变形和应力都容易通过计算机求解出来,进而可以获得整个结构的变形和应力。

图 6.3　使用有限元软件开发赛车

有限元法的分析过程可概括如下：

（1）连续体离散化

所谓连续体是指所求解的对象，离散化就是将所求解的对象划分为有限个具有规则形状的微小块体，把每个微小块体称为单元，两相邻单元之间只通过若干点相互连接，每个连接点称为节点。因而，相邻单元只在节点处连接，载荷也只通过节点在各单元之间传递，这些有限个单元的集合体即原来的连续体。离散化也称为划分网格或网络化。单元划分后，给每个单元及节点进行编号；选定坐标系，计算各个节点坐标；确定各个单元的形态和性态参数以及边界条件等。

（2）单元分析

连续体离散化后，即可对单元体进行特性分析，简称为单元分析。单元分析工作主要有两项：选择单元位移模式和分析单元的特性，即建立单元刚度矩阵。

（3）整体分析

在对全部单元进行完单元分析之后，就要进行单元组集，即把各个单元的刚度矩阵集成为总体刚度矩阵，以及将各单元的节点力向量集成总的力向量，求得整体平衡方程。集成过程所依据的原理是节点变形协调条件和平衡方程。

（4）确定约束条件

由上述所形成的整体平衡方程是一组线性代数方程，在求解之前，必须根据具体情况，分析与确定求解对象问题的边界约束条件，并对这些方程进行适当修正。

（5）有限元方程求解

解方程，即可求得各节点的位移，进而根据位移计算单元的应力及应变。

（6）结果分析与讨论

**8. 概念设计**

概念设计是由分析用户需求到生成概念产品的一系列有序的、可组织的、有目标的设计活动。它表现为一个由粗到精、由模糊到清晰、由具体到抽象的不断进化的过程。

概念设计在产品的整个设计开发过程有着无可替代的作用。因而，对这一过程的研究一直以来都是 CAD/CAM、CIMS 等领域的热点。特别是近年来，随着计算机图形学、虚拟现实、敏捷设计、多媒体等技术的发展和 CAD/CAM 应用的深入，产品概念设计的研究也有了新的进展。

**9. 虚拟设计**

虚拟设计是 20 世纪 90 年代发展起来的一个新的研究领域。虚拟设计是以虚拟现实（virtual reality，VR）技术为基础，以机械产品为对象的设计手段，虚拟地制造产品，在计算机上对虚拟模型进行产品的设计、制造、测试。它是计算机图形学、人工智能、计算机网络、信息处理、机械设计与制造等技术综合发展的产物。在机械行业有广泛的应用前景，如虚拟布局、虚拟装配、产品原型快速生成、虚拟制造等。图 6.4 所示为虚拟装配。

目前，虚拟设计对传统设计方法的革命性的影响已经逐渐显现出来。由于虚拟设计系统基本上不消耗资源和能量，也不生产实际产品，而是产品的设计、开发与加工过程在计算机上的本质实现，即完成产品的数字化过程。与传统的设计和制造相比较，它具有高度集成、快速成形、分布合作等特征。虚拟设计技术不仅在科技界，而且在企业界引起了广泛关注，成为研究的热点。

图 6.4　虚拟装配

虚拟设计的特征主要体现在虚拟化、集成化、人机交互的动态化、信息互动的数字化。虚拟设计的内容主要包括虚拟概念设计、虚拟装配设计、虚拟设计系统中的接触及力量反馈（见图 6.5）。虚拟设计的软件主要包括 Smart Collision、FreeForm、Open Inventor 等。

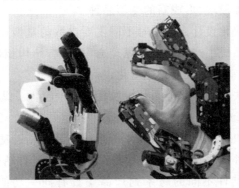

图 6.5　虚拟触觉

**10. 模块化设计**

模块化设计（building block design）是指在对一定范围内的不同功能或相同功能不同性能、不同规格的产品进行功能分析的基础上，划分并设计出一系列功能模块，通过模块的选择和组合可以构成不同的产品，以满足市场的不同需求的设计方法。简单地说就是程序的编写不是开始就逐条录入计算机语句和指令,而是首先用主程序、子程序、子过程等框架把软件的主要结构和流程描述出来,并定义和调试好各个框架之间的输入、输出链接关系,见图6.6。

图6.6　产品的模块化设计

逐步求精的结果是得到一系列以功能块为单位的算法描述。以功能块为单位进行程序设计,实现其求解算法的方法称为模块化。模块化的目的是为了降低程序复杂度,使程序设计、调试和维护等操作简单化。

模块化设计的基本原则是力求以少数模块组成尽可能多的产品,在不断顺应市场变化趋势,满足用户要求的基础上,提高产品性能的稳定性和产品的质量,降低产品的生产成本。模块化设计的方式主要有4种。

第一种是横系列模块化设计。所谓横系列模块设计是在不改变产品主要参数的基础上,利用模块发展变型产品。横系列模块化设计较其他模块化设计更加简单普遍。它通过在基型品种上更换或添加模块,形成新的变型品种。

第二种是纵系列模块化设计。是指对不同主要参数的基型产品进行模块化设计,设计比较复杂。纵系列模块系统中产品功能及原理方案相同,结构相似,但随着主参数的变化,不仅尺寸规格改变,而且动力参数也相应变化。

第三种是全系列模块化设计。全系列模块化设计中包含了纵系列与横系列两种模块化设计。

第四种是跨系列模块化设计。跨系列模块系统中具有相近动力参数的不同类型产品,跨系列模块化设计有两种模块化方式:一种是在相同的基础件结构上选用不同模块组成跨系列产品;另一种是基础件不同的跨系列产品中具有同一功能的零部件选用相同功能模块。

采用模块化设计产品具有下列优点:

(1)产品构成的柔性化和更新换代较快。新产品的发展通常是局部改进,若将先进技术引进相应模块,比较容易实现,这就加快了产品更新换代的速度。

(2)缩短设计和制造周期。用户提出需求后,只需更换部分模块或设计,制造个别模块即可获得所需产品。另外采用模块化设计后,各模块可同时分头制造、分别调试,这样设计和制造周期就大大缩短。

（3）降低成本。模块化后,同一模块可用于数种产品,增大了该模块的生产数量,便于采用先进工艺、成组技术等,还可缩短设计时间,从而降低了产品成本,提高了产品质量。

（4）便于维修、扩充、改装和实现多样化。维护方便,必要时可只更换模块。对模块化产品而言,一个老产品的淘汰,但组成产品的模块并没淘汰,这些模块还可用于组合别的产品。采用模块化结构还有利于迅速发展产品品种,满足多样化需求。

（5）产品可靠。模块化设计是对产品功能划分及模块设计进行了精心研究,保证了它的性能,使产品性能稳定可靠。

### 6.2.3　现代设计实例分析

#### 1. 反求工程实例——搅拌器的实物反求工程设计

搅拌器叶片的结构形状直接影响产品的生产效率和质量。研究国外先进的搅拌器结构和叶片形状,通过三坐标测量仪对叶片形状进行扫描,并对扫描数据进行分析、处理,得出新型搅拌器叶片的结构和形状特征,利用计算机反求技术完成搅拌器叶片的反求设计,创新设计出高效节能的搅拌器,这对发展我国搅拌技术具有重要的学术价值和重大的经济及社会效益。

（1）分析实物原型

图 6.7 所示的搅拌器模型为通过反求工程得到的最终数字产品模型,叶片外形复杂,曲面变化较大且不规则,要对其进行数据采集,在三坐标测量仪上方法很多,但是数据的采集方案要符合造型的思路,否则很难实现叶片零件的精确再现。根据叶片的几何形状,可以看出尽管叶片表面完全是无规则的空间曲面,但整个几何形状却是由叶片轮廓曲线及可变截面轮廓线来控制的。这样就可以通过变截面扫描物体的方法来创建搅拌器叶片的曲面模型。这样做的优点是采集的数据少,造型时几何模型表面光滑,有利于滤掉测量过程中产生的随机扰动和原始零件固有的缺陷。

当然也可以对叶片表面进行分层截面轮廓测量,但这种方法数据采集工作量大,曲线处理的工作量也很大,且通过这些曲线所创建的曲面上会存在明显的凸凹不平波纹,效果很不理想。实测过程中采用了第一种方法。

图 6.7　搅拌器数字模型

（2）测量方法与步骤

在测量前,先考虑如何建立搅拌器的坐标系,要对搅拌器进行哪几个方向的测量,并对测量仪测头在这几个方向要一一进行校验。坐标系的确定是将来数据处理的关键问题,坐标系的建立正确与否,直接关系到数据处理能否顺利进行、造型是否正确。特别是叶片在测量过程中,不可能一次装卡测完所有数据,为保证在不同的坐标系测量的数据能够进行整合,构成被测物体的统一数字模型,这就要求在不同的测量过程中,确立的坐标系能够互相统一起来。实测中取搅拌器上端面圆心为坐标原点,$XY$ 平面与端面平齐,$Z$ 轴方向为圆柱轴向方向,这样由所采集数据建立搅拌器数字模型时在 CAD/CAM 造型软件中得以统一。

确定测量坐标系后,以所确定的坐标系为依托分别从 $XY$、$XZ$、$YZ$ 三个方向进行叶片数据扫描采集。扫描方式为闭线扫描,测头从起始点的 $X$、$Y$、$Z$ 坐标值开始,按预定步长(0.5mm)进行扫描,回转一周到起始点,再按 $Z$ 方向提升 20mm 进行第二次扫描。所采集数据点如表 6.1 所示。

**表 6.1 $XY$ 方向数据点**

| 序号 | $X$ | $Y$ | $Z$ |
|---|---|---|---|
| 1 | −2.7461 | 0.6972 | 235.7192 |
| 2 | −2.7789 | 0.3449 | 235.7191 |
| 3 | −2.8436 | −0.0026 | 235.7189 |
| … | … | … | … |

(3) 特征分析与建模

① 特征分析。

根据搅拌器的几何形状可知,搅拌器叶片的整体形状是由叶片的轮廓曲线和变截面线来控制的。为了将来造型逼真,考虑到叶片与轴的联接方式较为特殊,所以在测量时,从 $XY$、$XZ$ 两个方向以叶片的轮廓曲线和变截面线来采集样点,从 $YZ$ 方向取叶片与轴过渡面的轮廓曲线和变截面线来采集样点。在进行后期数据处理时,由于采用的坐标系是相同的,所以最后三个方向样点能够还原搅拌器的形体特征。

② 数据采集。

据以上分析,搅拌器叶片的整体形状是由叶片的轮廓曲线和变截面线来控制的,数据的测量分三次进行。所测表面轮廓数据点及特征数据点见图 6.8。

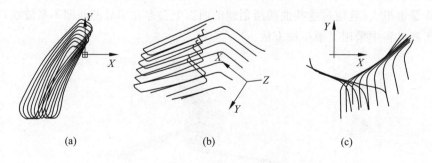

(a)          (b)          (c)

图 6.8  叶片表面轮廓数据点

(a) $XY$ 方向测量数据点;(b) $XZ$ 方向测量数据点;(c) $YZ$ 方向测量数据点

(4) 数据合成与模式重建

实测数据中含有异常数据点,要求对测量数据点进行编辑、过滤,整理杂乱的离散数据点,分析叶片表面轮廓数据点的关系。去除离散数据点后将图 6.8 所示叶片三个方向数据进行合并形成叶片整体数据模型,并以前述所定义之坐标原点为中心将叶片数据模型进行圆周阵列,如图 6.9 所示。

图 6.9　叶片测量数据合成与阵列

在 CAD 软件中将此搅拌器叶片数据模型进行投影并进行三维动态观察,确定出叶片的 $XY$、$XZ$、$YZ$ 方向投影轮廓和叶片原始模型,从而完成搅拌器曲面整体造型,如图 6.10 和图 6.11 所示。

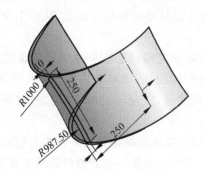

图 6.10　叶片模型

图 6.11　搅拌器三维模型

**2. 模块化设计——减速器**

模块设计时,对其接合的部位要有比较多的考虑,这是因为模块存在各种方式的组合,因此必须进行合理的加工与装配。为了方便对其进行维护和更换,对模块应该使用标准化生产,使模块保证大致相等的寿命。

（1）原理方案设计

原理方案设计就是通过对减速器功能的分析,建立功能模块系统,如图 6.12 所示。

（2）减速器主要模块设计

第一箱体模块,有着不相同的速比和相同的中心距。二级使用的箱体模块和三级使用的箱体模块是相同的。原箱体高速级孔在进行二级传动时不需要封死或镗出。当高速级使用圆锥齿轮进行传动时或者当输出轴需要垂直于输入轴的时候,可以通过在输入端安装侧盖而使用原来基本箱体。为了在不同的场合进行安装,可以在箱体内增加减速器来增加箱体的灵活性。

第二齿轮模块,为了使各系列箱体之间齿轮的互换程度最大限度地提高,应该对各级传

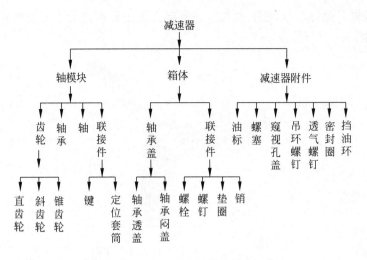

图 6.12　减速器的功能模块划分示意

动齿轮的技术参数进行相应的设置。中心距和速比各不相同的传动齿轮和需要互换的中心距和速比传动齿轮一样也需要进行互换。通过角度变位使齿轮获得标准中心距,进一步优化相应的参数。以单级齿轮为基础,其他各级齿轮可以从单级齿轮中选取,从而实现齿轮通用化。

　　第三轴模块,根据轴承和密封圈等零部件以及轴承之间的装配顺序来确定轴模块的设计。在不同的传动比情况下,尽可能选用结构尺寸相同的轴,即使各轴的其他尺寸不同,它们装轴承处的直径和该段的长度也应尽量选取相同的值,以便于轴承、端盖、密封等模块的通用化。

　　模块化齿轮减速器是由箱体、齿轮、轴、轴承、端盖等通用模块和较少数量专用模块所组成,通用模块可事先规划设计并可成批进行制造。当用户需要一台新的齿轮减速器时,只需设计制造其中的专用零部件,然后与现有的通用模块和外购标准件采用搭积木的方式组装在一起即可。这种模块化减速器产品具有很大的适应性和灵活性,且设计周期短、制造成本低等一系列优点,使其在市场上具有很强的竞争力。

　　**3. 创新设计——机械式停水自闭水龙头**

　　该设计是大连理工大学在第一届全国大学生机械创新设计大赛中获得一等奖的作品。设计首先采用的创新方法是希望点列举法,希望设计一个水龙头,能起到停水后自动关闭,再来水时也不会出水的作用。因为现实生活中常常会出现这样的现象,人们在用水时,如果突然停水,往往会忘记关闭水龙头而离去。若再来水,则会"水漫金山",造成浪费。如何设计一个机构巧妙、成本低廉、体积不大的装置是本作品的主要目标。图 6.13 所示是本设计的结构原理。

　　设计与创新时首先需要思考和分析的是变化因素,即在突然停水时,什么发生了变化。这里首先想到的自然是水管内水压的变化;其次应考虑水压变化与水管自闭有什么关系。这时可采用相似联想思维或相似类比方法进一步考虑,内燃机是加热的流体产生压力导致活塞的运动而进行工作的,同样,水压的变化也可导致活塞的运动,实现水管自闭。于是就产生了停水自闭机构,停水前柱塞被水压顶起;停水后因水压下降而柱塞落下。因柱塞杆的下落致使与原水龙头手把连接的弹性推杆也推向了柱塞的上端,确保自闭可靠,见图 6.14。

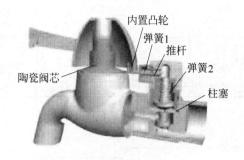

图 6.13　结构原理

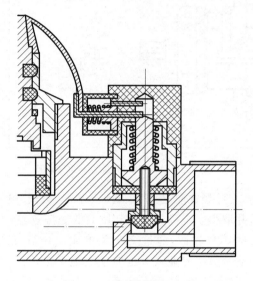

图 6.14　自闭结构示意图

　　其次要思考与分析的是如何将自闭的活塞复原。最简便可行的利用元素是可转动的原水龙头陶瓷阀门上的手把。这里采用了机构变异的创新技法,在手把上设计了内置的端面凸轮。来水后,只有转动手把(关闭水龙头),才能拉回弹性推杆,使柱塞在水压的作用下上升,回复水流,再转动手把就可以用水了。

# 6.3　现代设计常用软件及应用实例

## 6.3.1　CAD/CAM 软件

### 1. AutoCAD

　　AutoCAD 是由美国 Autodesk 公司于 20 世纪 80 年代初为微机上应用 CAD 技术而开发的绘图程序软件包,经过不断的完善,现已经成为国际上广为流行的绘图工具,如图 6.15 所示为 AutoCAD 绘制的工程图。

　　AutoCAD 可以绘制任意二维和三维图形,并且同传统的手工绘图相比,用 AutoCAD

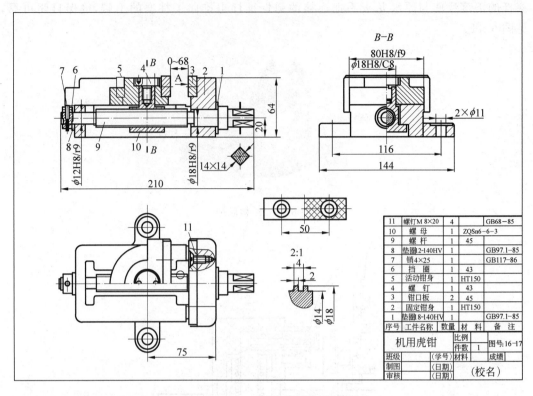

图 6.15　AutoCAD 绘制的工程图

绘图速度更快、精度更高，它已经在航空航天、造船、建筑、机械、电子、化工、美工、轻纺等很多领域得到了广泛应用，并取得了丰硕的成果和巨大的经济效益。

AutoCAD 具有良好的用户界面，通过交互菜单或命令行方式便可以进行各种操作。它的多文档设计环境，让非计算机专业人员也能很快地学会使用。在不断实践的过程中更好地掌握它的各种应用和开发技巧，从而不断提高工作效率。

AutoCAD 具有广泛的适应性，它可以在各种操作系统支持的微型计算机和工作站上运行，并支持分辨率由 320×200 到 2048×1024 的各种图形显示设备 40 多种，以及数字仪和鼠标器 30 多种，绘图仪和打印机数十种，这就为 AutoCAD 的普及创造了条件。

**2. Pro/E**

Pro/Engineer（简称 Pro/E）较早进入中国市场，使用范围大，领域广，价格相对便宜，技术资源丰富，是一套由设计至生产的机械自动化软件，是新一代的产品造型系统，如图 6.16 所示为 Pro/E 制绘的工程图。Pro/E 功能如下：

（1）特征驱动（如凸台、槽、倒角、腔、壳等）；

（2）参数化（参数＝尺寸、图样中的特征、载荷、边界条件等）；

（3）通过零件的特征值之间，载荷/边界条件与特征参数之间（如表面积等）的关系来进行设计；

（4）支持大型、复杂组合件的设计（规则排列的系列组件，交替排列，Pro/Program 的各种能用零件设计的程序化方法等）；

（5）贯穿所有应用的完全相关性（任何一个地方的变动都将引起与之有关的每个地方

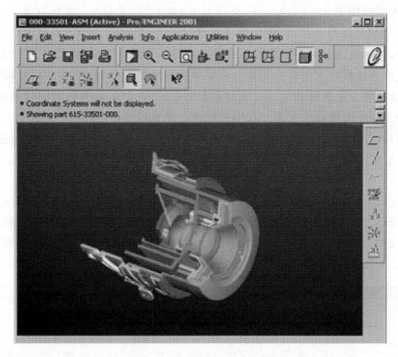

图 6.16　Pro/E 绘制的工程图

变动)。

### 3. CATIA

CATIA(computer aided tri-dimensional interface application)是世界上一种主流的 CAD/CAE/CAM 一体化软件,如图 6.17 所示为 CATIA 绘制的工程图。在 20 世纪 70 年代 Dassault Aviation 成为了第一个用户,CATIA 也应运而生。

图 6.17　CATIA 绘制的工程图

CATIA 是法国 Dassault System 公司的 CAD/CAE/CAM 一体化软件，居世界 CAD/CAE/CAM 领域的领导地位，广泛应用于航空航天、汽车制造、造船、机械制造、电子/电器、消费品行业，它的集成解决方案覆盖所有的产品设计与制造领域，其特有的 DMU 电子样机模块功能及混合建模技术更是推动着企业竞争力和生产力的提高。CATIA 提供方便的解决方案，迎合所有工业领域的大、中、小型企业需要。CATIA 的著名用户包括波音、克莱斯勒、宝马、奔驰等一大批知名企业。其用户群体在世界制造业中具有举足轻重的地位。波音飞机公司使用 CATIA 完成了整个波音 777 的电子装配，创造了业界的一个奇迹，从而也确定了 CATIA 在 CAD/CAE/CAM 行业内的领先地位。

**4. UG**

Unigraphics Solutions 公司是全球著名的 MCAD 供应商，主要为汽车与交通、航空航天、日用消费品、通用机械以及电子工业等领域通过其虚拟产品开发（VPD）的理念提供多级化的、集成的、企业级的包括软件产品与服务在内的完整的 MCAD 解决方案。其主要的 CAD 产品是 UG，如图 6.18 所示为 UG 绘制的工程图。

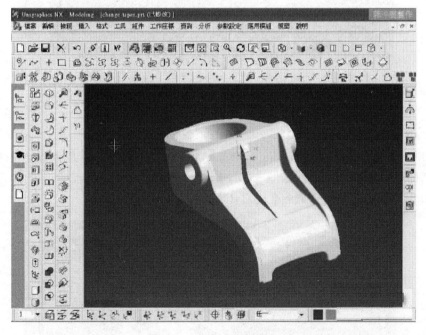

图 6.18　UG 绘制的工程图

UG 公司的产品主要有为机械制造企业提供包括从设计、分析到制造应用的 Unigraphics 软件、基于 Windows 的设计与制图产品 Solid Edge、集团级产品数据管理系统 iMAN、产品可视化技术 ProductVision 以及被业界广泛使用的高精度边界表示的实体建模核心 Parasolid 在内的全线产品。

UG 在航空航天、汽车、通用机械、工业设备、医疗器械以及其他高科技应用领域的机械设计和模具加工自动化的市场上得到了广泛的应用。多年来，UG 公司一直在支持美国通用汽车公司实施目前全球最大的虚拟产品开发项目，同时 Unigraphics 也是日本著名汽车零部件制造商 DENSO 公司的计算机应用标准，并在全球汽车行业得到了很大的应用，如 Navistar、底特律柴油机厂、Winnebago 和 Robert Bosch AG 等。

**5. SolidWorks**

　　SW 公司的精髓是"解放高阶功能的 3D CAD 系统至每一个产品设计工程师"。这是台湾地区的原话,转成我们比较容易理解的就是 SW 公司致力于将原先大家认为复杂、高级的 3D CAD 应用简易化、平民化,使绝大部分工程师都能容易、迅速地使用上手。也就是 SW 公司的口号,让傻瓜也能用三维软件。SW 公司 100％投入于 3D CAD 的研究,根据客户需求提供强有力的技术创新,为工程师整合全面的辅助系统(CAE 等)。

　　SW 正在成为 3D CAD 软件中的标准,据相关调查,SW 的文件格式已成为 3D 软件世界中流通率最高的格式(也就是数据交换、使用率),SW 是世界销售套数最多的 3D 软件,占有率第一,SW 的顾客满意度最高,如图 6.19 所示为 SolidWorks 作整机图。

图 6.19　SolidWorks 作整机图

## 6.3.2　工程分析常用软件

**1. ADAMS**

　　ADAMS,即机械系统动力学自动分析(automatic dynamic analysis of mechanical systems),该软件是美国 MDI 公司(Mechanical Dynamics Inc.)开发的虚拟样机分析软件,见图 6.20。目前,ADAMS 已经被全世界各行各业的数百家主要制造商采用。根据 1999 年机械系统动态仿真分析软件国际市场份额的统计资料,ADAMS 软件销售总额近 8000 万美元,占据了 51％的市场份额,现已经并入美国 MSC 公司。

　　ADAMS 软件使用交互式图形环境和零件库、约束库、力库,创建完全参数化的机械系统几何模型,其求解器采用多刚体系统动力学理论中的拉格朗日方程方法,建立系统动力学方程,对虚拟机械系统进行静力学、运动学和动力学分析,输出位移、速度、加速度和反作用力曲线。ADAMS 软件的仿真可用于预测机械系统的性能、运动范围、碰撞检测、峰值载荷以及计算有限元的输入载荷等。

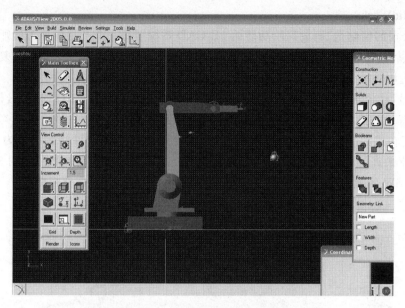

图6.20　ADAMS工程分析软件

ADAMS软件由基本模块、扩展模块、接口模块、专业领域模块及工具箱5类模块组成。用户不仅可以采用通用模块对一般的机械系统进行仿真,而且可以采用专用模块针对特定工业应用领域的问题进行快速有效的建模与仿真分析。

**2. MATLAB**

MATLAB是矩阵实验室(matrix laboratory)的简称,是美国MathWorks公司出品的商业数学软件,用于算法开发、数据可视化、数据分析以及数值计算的高级技术计算语言和交互式环境,主要包括MATLAB和Simulink两大部分。

在机械行业的工程分析中,最常使用的是Simulink下的机构仿真工具(SimMechanics)。SimMechanics是一组可以在Simulink环境下使用的特殊模块库,可以通过特殊的Sensor模块和Actuator模块与一般的Simulink模块相连接。它是机械系统建模的平台,平台上的元素包括刚体、移动和转动关节自由度。与一般的仿真模型一样,SimMechanics可以把机构用组件描述成多层次的子系统,可以使用运动学约束、施加驱动力(力矩),测量运动结果。

SimMechanics工具箱为用户提供了刚体(Bodies)、关节(Joints)、约束及驱动(Constraints&Drivers)、传感器和驱动器(Sensors&Actuators)等机构模块,可以对常用的刚性传动系统进行仿真分析。使用SimMechanics作动力学仿真,不需要推导传动机构的动力学模型,直接使用工具箱的模块就可以构成仿真模型。优点是直观,可以节约因模型推导所花费的时间,对复杂机构很简便。SimMechanics可以实现机构的运动学和动力学分析。

**3. ANSYS**

ANSYS软件由世界上最大的有限元分析软件公司之一的美国ANSYS开发,它能与多数CAD软件接口,实现数据的共享和交换,如Pro/E、NASTRAN、ALGOR、I-DEAS、AutoCAD等,是现代产品设计中的高级CAE工具之一。

ANSYS软件提供的分析类型包括:结构静力分析、结构动力分析、结构非线性分析、动力学分析、热分析、电磁场分析、流体动力学分析、声场分析、压电分析，如图 6.21 所示为利用 ANSYS 软件进行气流分析。

　　ANSYS 有限元软件包是一个多用途的有限元法计算机设计程序，可以用来求解结构、流体、电力、电磁场及碰撞等问题。因此它可应用的工业领域包括航空航天、汽车工业、生物医学、桥梁、建筑、电子产品、重型机械、微机电系统、运动器械等。

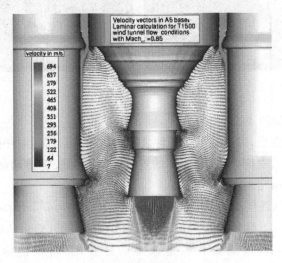

图 6.21　利用 ANSYS 软件进行气流分析

　　软件主要包括三个部分：前处理模块，分析计算模块和后处理模块。前处理模块提供了一个强大的实体建模及网格划分工具，用户可以方便地构造有限元模型；分析计算模块包括结构分析(可进行线性分析、非线性分析和高度非线性分析)、流体动力学分析、电磁场分析、声场分析、压电分析以及多物理场的耦合分析，可模拟多种物理介质的相互作用，具有灵敏度分析及优化分析能力；后处理模块可将计算结果以彩色等值线显示、梯度显示、矢量显示、粒子流迹显示、立体切片显示、透明及半透明显示(可看到结构内部)等图形方式显示出来，也可将计算结果以图表、曲线形式显示或输出。

### 6.3.3　应用实例

#### 1. 基于 ADAMS 的机械手臂运动学仿真

　　机械手臂作为机器人的重要组成部分，具有一定的研究价值。机械手臂运动学分为正解和逆解。运动学正解就是已知机械手臂连杆参数和关节角度矢量，求末端执行器相对于参考坐标系的位置和姿态；运动学逆解就是在已知杆件几何参数的情况下，给定末端执行器相对于基坐标系的期望位置和姿态，求使末端执行器达到期望位姿时所对应的关节变量。对机械手臂运动学方程的求解是实现控制的基础。而运动学方程求解的正确与否则可通过机械系统仿真软件 ADAMS 进行仿真验证，ADAMS 是一种多体系统仿真分析软件，通过 ADAMS 软件进行机械手臂运动学仿真的步骤如下。

　　(1) 机械手臂样机模型的建立

　　根据机械手臂的结构尺寸在 ADAMS 软件平台上建立机械手臂的模型如图 6.22 所示。

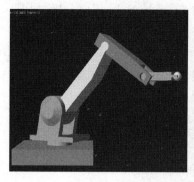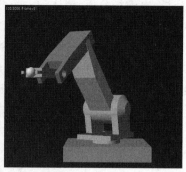

图 6.22　机械手臂模型

(2) 向模型中添加约束

机械手臂模型建立后,需要在各个杆件之间添加运动副以约束杆件的自由度,由于该机械手臂具有四个转动自由度,所以在相邻的连杆之间添加铰链转动副(joint_revolute);在基座与地面之间添加固定副(joint_fixed)。

添加旋转铰链:以连杆 1 和基座之间的铰链 JOINT_jizuo_liangan1 为例说明铰链约束的添加方法:首先在主工具箱中选择旋转铰链工具图标,然后依次选择连接构件 jizuo 和被连接构件 liangan1,最后选择铰链添加的位置,并将铰链命名为 JOINT_jizuo_liangan1。按照同样的方法添加其他的铰链。

添加固定铰链:首先在主工具箱中选择固定铰链工具图标,然后依次选择连接构件 jizuo 和被连接构件 ground,最后选择铰链添加的位置,并将铰链命名为 JOINT_jizuo_ground。

(3) 为机构添加驱动

为使机械手臂能够按照规定的路径运动,需要在各个铰链上添加驱动(motion),然后在各个 motion 中写入已经规划好的各个关节的轨迹函数,使机械手臂在各轨迹函数的作用下,实现末端执行器沿着规划的轨迹运动。

以关节 1 上的 MOTION1 为例,首先在主工具箱中选择 (Rotational Joint Motion),然后选择铰链 1(JOINT_jizuo_liangan1)作为施加的位置,就在铰链 1 上生成了一个 motion,在这个 motion 的函数区中输入函数:-CUBSPL(time,0,SPLINE_1,0),单击 Apply 按钮。按照同样的方法添加其他的驱动。SPLINE_1 是事先规划好的关节角 1 的样条函数曲线。

(4) 仿真结果

为验证运动学数学模型的正确性,采用简单的直线轨迹进行分析,即保证末端执行器中心沿直线轨迹运动且姿态始终平行地面。在 MATLAB 环境下根据逆解方程编制算法程序,令机械手臂末端执行器从初始点(700,460,0)运动到终了点(850,300,400),得到机械手臂各关节随时间变化的一系列数据,将此数据存成文本文件导入到 ADAMS,作为机械手臂各关节的驱动,实现空间一条直线的运动轨迹。

在后处理程序窗口中依次生成末端执行器中心点在 $x$、$y$、$z$ 三个坐标方向上的位移曲线,如图 6.23 所示。从图中可以看出,机械手臂末端运动轨迹与规划的完全一致。

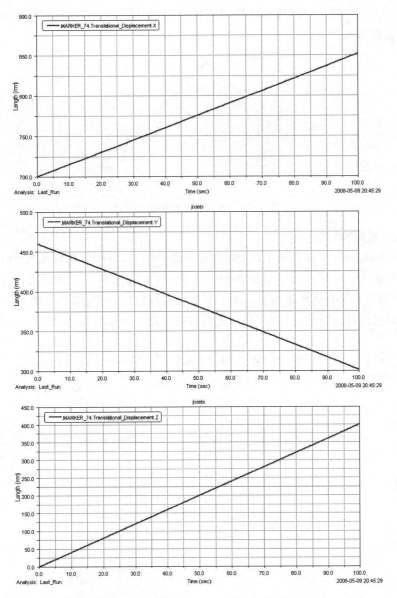

图 6.23　末端执行器在 $x$、$y$、$z$ 方向的位移曲线

## 2. 基于 SimMechanics 的平面四杆机构运动分析与仿真

四杆机构是机械设计中常用的一种机构,机构的运动分析就是根据给定的原动件运动规律,求出机构中其他构件的运动规律。通过分析可以确定某些构件运动所需的空间,校验它们运动是否干涉,运动轨迹仿真动画则更为形象直观;速度分析可以确定机构从动件的速度是否合乎要求;加速度分析为惯性力计算提供加速度数据。因此,运动分析既是综合的基础,又是力分析的基础。通常使用图解法和解析法来进行。但图解法因其作图、计算工作量大、精度差,在实际工程中有很大局限性,而解析法的计算工作量很大。因此可以利用 MATLAB 的 Simulink 下的 SimMechanics 机构系统模块集进行运动学分析与仿真。

如图 6.24 所示的平面四连杆机构的运动简图,假设连杆 $AB$ 绕 $A$ 点以 $\omega$ 的角速度旋转,分析 $C$ 点的运动情况。

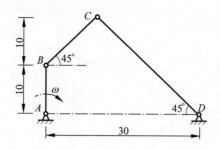

图 6.24　平面四杆机构运动简图

（1）仿真框图的绘制

用 SimMechanics 中提供的模块,先绘制出固定机架,用刚体模块组中的 Ground 模块来表示,然后从 Joints 模块组中复制 Revolute 模块,构造出第一个转动副,以此类推,就可以将所需的模块都复制到此模型窗口中。复制完模块以后,用类似于普通 Simulink 模块连接的方法,就可以将这些模块连接起来,完成后的仿真模型如图 6.25 所示。

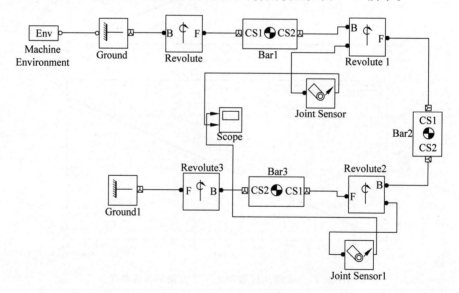

图 6.25　基于 SimMechanics 的四杆机构仿真模型

（2）模块参数设置

双击 $BC$ 杆模块可以得出如图 6.26 所示的对话框,从该对话框可以看出,需要输入的刚体参数有:杆的质量、惯量矩阵、刚体坐标和质心位置。将相关的惯性矩阵填写到各个连杆的参数编辑框中即可。

（3）参数设置、仿真

用户既可以使用 MATLAB 自身的图形和 Simulink 的示波器显示仿真结果,还可以依赖虚拟现实工具箱,对仿真的机构进行动画显示。参数设置完成以后,启动仿真过程,即可得出运动仿真分析结果如图 6.27 所示。

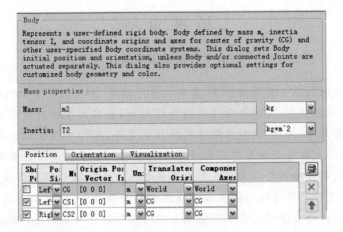

图 6.26　*BC* 杆的参数设置

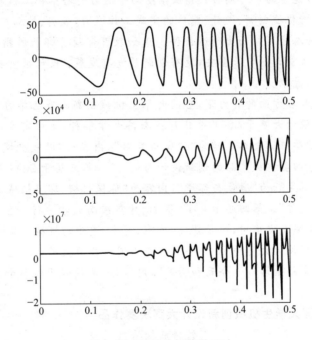

图 6.27　运动分析结果显示

# 思 考 题

6.1　机械具有哪些特征？

6.2　机械设计的一般步骤有哪些？

6.3　现代设计方法有哪些？常用的软件有哪些？

# 拓 展 资 料

## 全国大学生机械创新设计大赛

当前,大学生的科技创新活动很多,各类大赛也很多,如全国大学生机械创新设计大赛,全国大学生电子设计竞赛,全国大学生结构设计大赛,全国大学生数学建模大赛,全国大学生机器人大赛,全国"挑战杯"大学生课外科技作品竞赛,大学生软件设计大赛等,而全国大学生机械创新设计大赛是由教育部高教司发文举办的一项全国大学生重要科技竞赛活动,也是教育部、财政部资助的全国大学生九大赛事之一;大赛由"全国大学生机械创新设计大赛组委会"和"教育部高等学校机械基础课程教学指导分委会"主办,"全国机械原理教学研究会"、"全国机械设计教学研究会"、各省市金工研究会联合著名高校和社会力量共同承办,受到了各高校的普遍重视。大赛的目的在于引导高等学校在教学中注重培养大学生的创新设计能力、综合设计能力与协作精神;加强学生动手能力的培养和工程实践的训练,提高学生针对实际需求进行机械创新、设计、制作的实践工作能力,吸引、鼓励广大学生踊跃参加课外科技活动,为优秀人才脱颖而出创造条件。正如教育部周济部长所指出的,机械很重要,没有机械就无所谓工业;创新很重要,没有创新就没有发展;设计很重要,设计决定着产品的成本、功能和使用寿命。

在大赛组委会和各方面的努力下,全国大学生机械创新大赛已举办了五届。第一届全国大学生机械创新设计大赛于 2004 年 9 月在南昌大学举行,无固定主题。第二届于 2006 年 10 月在湖南大学举行。大赛主题为"健康与爱心",内容为"助残机械、康复机械、健身机械、运动训练机械等四类机械产品的创新设计与制作"。第三届于 2008 年 10 月在武汉海军工程大学举行。大赛主题为"绿色与环境",内容为"环保机械、环卫机械、厨卫机械三类机械产品的创新设计与制作"。第四届于 2010 年 10 月在东南大学举行。主题为"珍爱生命,奉献社会",内容为"在突发灾难中,用于救援、破障、逃生、避难的机械产品的设计与制作"。第五届大学生机械创新设计大赛于 2012 年 7 月在中国人民解放军第二炮兵工程学院(陕西西安)举行。主题为"幸福生活——今天和明天",内容为"休闲娱乐机械和家庭用机械的设计和制作"。

**附:第三届全国大学生机械创新设计大赛决赛作品**

饮料瓶捡拾器

设计者　郭瑞　侯文慧　刘学敏

指导教师　张有忱　王永涛

北京化工大学机电工程学院　北京　100029

### 1. 设计目的

废弃的饮料瓶常常因位置较偏、有物体阻挡、手臂够不到等原因,使清理人员无法顺利拿到,常常需要大费周折,使劳动量增加。基于上述原因本设计根据废弃饮料瓶的形状(圆柱形、菱形、弧形、带沟槽形等),在现有技术的基础上,通过综合利用多种结构增添新功能进行改造,将二维夹持转变为三维夹持,提高整体性能,为清洁工作提供更多便利。

### 2. 工作原理

饮料瓶捡拾器的结构如图 6.28 所示。捡拾器工作时,压下推杆握把 1,使增力传动杆 2

推动滑块(增力推杆)3在滑槽内向左定向滑动。增力推杆3与后置簧定位块4套式连接,增力推杆3推动运动滑块11在主支撑杆上向左滑动,从而张开夹爪。当需要夹起瓶子时,释放握把1,靠复位杆簧8收缩带动运动滑块11向右移动,夹爪7和10夹紧瓶子。放松推杆握把,复位杆簧8的弹力使运动滑块11回到原位,持物架与持物钩放松,瓶子等掉出,夹持机构复位。在这一过程中,持物架与持物钩始终在限位盘限定的范围内运动,且运动唯一。

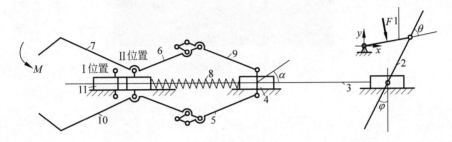

图 6.28　饮料瓶捡拾器结构图

此捡拾器还设计有持物钩张口大小调节机构。向一个方向转动推杆握把后端的旋钮,旋钮将限位钢丝缠绕在其内部的圆盘上,钢丝又与限位滑块相连,这样滑块就在钢丝的拉动下向后运动,从而迫使工作杆向内收缩,持物钩张口也随之减小;当反方向转动调位旋钮时,限位钢丝伸长,同样依靠复位弹簧的弹力使限位滑块向前运动,最终可以回到原状态,持物钩张口再度增大。需要指出的是,调位旋钮的转动使持物钩并不局限于最大、最小两种状态,而是可以在这一范围内任意调节。

**3. 功能特点**

此次设计的饮料瓶捡拾器打破了饮料瓶摆放位置的限制,方向灵活性高,可允许被抓持物在更多的空间状态下放置,省去弯腰拾取的麻烦。它结构可靠,工作性能稳定,无论瓶子是哪种规格、是否有液体都能顺利夹持;持物钩端部的设计同样适用于更细小的物体,如纸片、烟头等,应用范围广。方便绳扣的使用使保洁人员的手腕得以放松,降低疲劳程度,提高工作效率。它操作简便、灵活,易于推广。另外,其拓展功能为它的普及提供了更多可能。

**4. 主要创新点**

(1)增力机构由推杆握把下的增力传动杆与增力推杆构成。推杆握把越接近底位,由推杆、杆簧、持物架传递到持物钩上的夹持力越大,捡拾工作越可靠。

(2)具有平面稳定机构。利用平行四边形机构在平面上的高度稳定性,防止持物架发生侧翻及内翻;每组架上还可以加装小弹簧作为辅助零件,有助于增大夹持力,不需要时亦可拆下。

(3)持物钩张口大小可调节。这样捡拾小瓶子时,可减小各部分的运动行程,工作省力、高效;捡拾大瓶子时,又可避免由于增力推杆行程过小导致的夹持力不足,保证工作质量。

(4)空间夹持稳固设计。4个持物钩在360°范围内等间距分布,同步运动,以三维方式限制了瓶子的移动,扩展了空间使用范围;两相对持物钩端部装有橡胶吸盘,对称布置,使产品具有夹持更细小物体(如纸片、果皮、瓶盖等)的适应性。

(5)功能拓展。持物钩端部的橡胶吸盘使它可以作为采摘水果(如橘子、苹果、梨等)等的工具。

### 5. 作品外形

作品外形如图 6.29 所示。

图 6.29　作品外形照片

# 第7章 先进制造技术

**能力培养目标**：培养学生对先进制造技术内涵、体系结构及发展趋势，以及现代设计技术、先进制造工艺技术、制造自动化技术、现代生产管理技术以及先进制造生产模式的了解、具备初步的制造方法选取的能力和素质。开阔学生思维，拓宽知识面，掌握先进的方法，培养学生创新思维和工程实践的能力。

先进制造技术是多学科的渗透、交叉和融合，集机械、电子、控制、计算机、材料和管理技术为一体的新兴领域。先进制造技术迄今为止没有一个明确的定义。一个普遍公认的含义是：先进制造技术是在传统制造技术的基础上，以人为主体，以计算机为主要工具，不断融合机械、电子、信息、材料、生物和管理学科的最新成果，涵盖产品整个寿命周期的各个环节的先进工程技术的总称。

先进制造技术的出现不仅是科学技术发展的必然结果，而且也是文明和社会进步的必然要求。20世纪70年代，由于美国强调基础研究，忽视了制造业的发展，致使日本和德国的制造业迅猛发展。日本在汽车、家电、半导体和钢铁等方面已经超越了美国，导致美国产品的竞争力大大落后。日本通过采用新的制造技术和管理观念，使得制造业成为世界第一。20世纪80年代，为了扭转制造业的颓势，美国提出了先进制造技术的概念，简称为AMT，以促进美国制造业的竞争力和国民经济的快速发展。随后世界各主要工业国家，德国，法国，意大利，英国等都开始了对先进制造技术的理论研究。先进制造技术作为一项高新技术，是在传统制造技术的基础上，通过融入其他学科的最新成果而发展起来的，目的是实现整个制造过程的优质、高效、环保、清洁、低能耗、敏捷和灵活。当前，先进制造技术已经成为国际科技竞争的重点，其发展水平能够在一定程度上代表一个国家的科技和经济水平。

先进制造技术具有的特征包括：①先进性。先进制造技术是在不断融合其他学科最新成果的基础上发展起来的，这些成果均是代表时代发展水平的标志。②广泛性。先进制造技术不再是局限于制造这一领域而是覆盖了制造的全过程。③实用性。先进制造技术不是以追求技术的高新为目的，而是有着明确的经济需求。它是面向工业生产，以市场为导向，以企业最大经济利益为归宿。④集成性。先进制造技术的发展融合了其他学科，与其他学科之间的界限逐渐淡化和消失，成为了新兴交叉学科。

先进制造技术主要可以概括为先进制造工艺技术、制造自动化技术、先进制造模式和现代生产管理技术。

## 7.1 先进制造工艺技术

先进制造工艺技术包括高速切削技术、特种切削技术、精密切削技术、微量切削技术等。

### 7.1.1 高速切削技术

**1. 概念及发展**

高速切削技术是指采用超硬材料刀具和磨具，利用能可靠地实现高速运动的高精度、高自动化和高柔性的制造设备,以提高切削速度来达到提高材料切除率、加工精度和加工质量的先进加工技术。通常把比常规切削速度高 5～10 倍的切削称为高速切削。

20 世纪 80 年代,计算机控制的自动化生产技术的高速发展成为国际生产工程的突出特点,工业发达国家机床的数控化率已高达 70%～80%。随着数控机床、加工中心和柔性制造系统在机械制造中的应用,使机床空行程动作(如自动换刀、上下料等)的速度和零件生产过程的连续性大大加快,机械加工的辅助工时大为缩短。这使得切削工时占去了总工时的主要部分,因此,只有提高切削速度和进给速度等,才有可能在提高生产率方面出现一次新的飞跃和突破。这就是超高速加工技术得以迅速发展的历史背景。

提高生产率一直是机械制造领域十分关注并为之不懈奋斗的主要目标。超高速加工(UHSM)不但成倍提高了机床的生产效率,而且进一步改善了零件的加工精度和表面质量,还能解决常规加工中某些特殊材料难以解决的加工问题。因此,超高速加工这一先进加工技术引起了世界各国工业界和学术界的高度重视。

**2. 高速切削技术的特点**

(1)降低切削力和刀具磨损。刀具转速高,作用在其上的切削力小,减小了工件的变形和刀具的磨损。

(2)减小工件的热变形。高速切削过程中,大量的热量均被切屑带走,而没有传递给工件。

(3)零件的尺寸和形状精度高。由于采取了极小的步距和切深,高速切削加工可获得很高的表面质量,甚至可以省去钳工修光的工序。

(4)系统振动小。高速切削加工以高于常规切削 10 倍左右的切削速度对汽车模具进行高速切削加工。由于高速机床主轴激振频率远远超过"机床-刀具-工件"系统的固有频率范围,加工过程平稳且无冲击。

(5)能够加工高硬度材料。由高速切削机理可知:高速切削时,切削力大为减少,切削过程变得比较轻松,高速切削加工在切削高强度和高硬度材料方面具有较大优势,可以加工具有复杂型面、硬度比较高的材料。

**3. 高速切削的应用**

高速切削在航空航天、汽车、模具制造、电子工业等领域得到了越来越广泛的应用。在航空航天领域中,主要是解决了零件大余量材料的去除,薄壁零件的加工,高精度零件的加工,难切削材料的加工,生产效率的提高。如图 7.1 所示铝合金薄壁零件(厚 0.2mm,高 20mm),就是切除 85% 的材料而成形的。用高速切削制造这类薄壁的复杂铝合金构件,材料切除效率高达 100～180cm³/min,为常规切削方法的 3 倍以上,可大大降低切削时间。

加工图 7.2 所示的大型铝合金薄壁零件,零件外形 2388mm×2235mm×82.6mm。切削后零件质量 14.5kg,毛坯质量 1818kg。传统方法是先加工 500 多个零件,然后通过铆接或者焊接的方法将其组装在一起,时间需 3 个月。现在通过高速切削来制造这个零件。主轴 18 000r/min,进给 2.4～2.7m/min,刀具直径 18～20mm。时间是原来的 1/30,不仅减少了装配过程,而且减少了接缝,提高了零件的强度和抗振性。

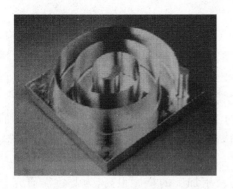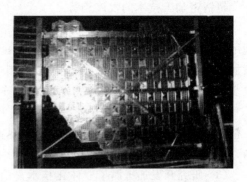

图 7.1　铝合金薄壁零件 1　　　　　　　图 7.2　铝合金薄壁零件 2

　　高速加工在汽车生产领域的应用主要体现在模具和零件加工两个方面。应用高速切削加工技术,可加工零件的范围相当广,其典型零件包括:伺服阀、各种泵和电机的壳体、电机转子、汽缸体和模具等。汽车零件铸模以及内饰件注塑模的制造正逐渐采用高速加工。以高速切削技术为基础的敏捷柔性自动生产线被越来越多的国内外汽车制造厂家使用。从德国引进的一汽大众捷达轿车和上海大众桑塔纳轿车自动生产线,其中大量应用了现代高速切削技术。图 7.3 所示为采用高速切削技术加工的汽车车门和汽车模具。

　　模具工具工业领域:采用高速切削可以直接切削淬硬材料模具,省去了过去机加工到电加工的几道工序,节约了工时。目前高速切削可以达到很高的表面质量($Ra \leqslant 0.4\mu m$),省去了电加工后表面研磨和抛光的工序。另外,切削形成的已加工表面的压应力状态还会提高模具工件表面的耐磨程度。这样,锻模和铸模仅经高速铣削就能完成加工。复杂曲面加工、高速粗加工和淬硬后高速精加工很有发展前途,并有取代电火花加工和抛光加工的趋势。

图 7.3　汽车车门和汽车模具

## 7.1.2　超精密加工技术

### 1. 概念及发展

　　超精密加工技术是适应现代高技术发展需要而发展起来的一种机械加工新工艺。它综合了机械技术、测量技术、现代电子技术和计算机技术发展的新成果。超精密加工有两种含义,一是指向传统加工方法不易突破的精度界限挑战的加工,即高精度加工;二是指向实现微细尺寸界限挑战的加工,即微细加工。目前,一般认为,加工精度高于 $0.1\mu m$,表面粗糙度小于 $0.01\mu m$ 的为超精密加工。

超精密加工技术的发展趋势：

(1) 新型超精密加工方法的机理。超精密加工机理涉及微观世界和物质内部结构,可利用的能源有机械能、光能、电能、声能、磁能、化学能、核能等,十分广泛。不仅可以采用分离加工、结合加工、变形加工,而且可以采用生长堆积加工;既可采取单独加工方法,更可采取复合加工法(如精密电解磨削、精密超声车削、精密超声研磨、机械化学抛光等)。

(2) 向高精度、高效率方向发展。随着科技的不断进步及社会发展的需求,对产品的加工精度、加工效率及加工质量的要求越来越高,超精密加工技术就是要向加工精度的极限冲刺,且这种极限是无限的,当前的目标是向纳米级加工精度攀登。

(3) 研究开发加工测量一体化技术。由于超精密加工的精度很高,为此急需研究开发加工精度在线测量技术,因为在线测量是加工测量一体化技术的重要组成部分,是保证产品质量和提高生产率的重要手段。

(4) 在线测量与误差补偿。由于超精密加工精度很高,在加工过程中影响因素很多也很复杂,而要继续提高加工设备本身的精度也十分困难,为此就需采用在线测量加计算机误差补偿的方法来提高精度,保证加工质量。

(5) 新材料的研制。新材料应包括新的刀具材料(切削、磨削)及被加工材料。由于超精密加工的被加工材料对加工质量的影响很大,其化学成分、力学性能均有严格要求,故亟待研究。

(6) 向大型化、微型化方向发展。由于航空航天工业的发展,需要大型超精密加工设备来加工大型光电子器件(如大型天体望远镜上的反射镜等),而开发微型化超精密加工设备,则主要是为了满足发展微型电子机械、集成电路的需要(如制造微型传感器、微型驱动元件等)。

**2. 超精密加工主要方法**

超精密加工技术目前主要包括超精密单点金刚石车削技术、超精密磨削技术和超精密研磨技术等。

(1) 超精密车削

超精密单点金刚石车削技术是应用最广泛的超精密加工方法之一,可在一次加工后实现镜面结构,获得最佳表面粗糙度($Ra<10\text{nm}$)的加工技术。它综合利用天然单晶金刚石刀具、高定位精度和重复精度的超精密车床以及 $C$ 轴可控旋转技术,可实现多种塑性材料和硬脆材料的加工,见图7.4。超精密单点金刚石车削技术可用于制造各种平面、球面,凹/凸非球面、离轴非球面反射镜、非球面阵列、菲涅尔反射镜、微沟槽阵列和多面棱镜等各种超精密关键元器件,其表面粗糙度高达纳米量级,实现光学质量表面的一次性成形加工。同时也广泛应用于计算机硬盘磁头、手机屏幕微透镜阵列和各种微槽,以及注塑生产大量廉价部件的高精度模具(CD唱片、非球面镜)。

(2) 超精密磨削

超精密磨削技术是在一般精密磨削的基础上发展起来的。超精密磨削不仅要提供镜面级的表面粗糙度,还要保证获得精确的几何形状和尺寸。为此,除了要考虑各种工艺因素外,还必须有高精度、高刚度以及高阻尼特征的基准部件,消除各种动态误差的影响,并采取高精度检测手段和补偿手段。目前超精密磨削的加工对象主要是玻璃、陶瓷等硬脆材料,作为纳米级磨削加工,要求机床具有高精度及高刚度,脆性材料可进行可延性磨削。

图 7.4　超精密单点金刚石车削

此外,砂轮的修整技术也相当关键,尽管磨削比研磨更能有效地去除物质,但在磨削玻璃或陶瓷时很难获得镜面,主要是由于砂轮粒度太细时,砂轮表面容易被切屑堵塞。当前的超精密磨削技术能加工出 $0.01\mu m$ 圆度、$0.1\mu m$ 尺寸精度和 $Ra0.005\mu m$ 表面粗糙度的圆柱形零件,平面超精密磨削能加工出 $0.03\mu m/100nm$ 的平面,如图 7.5 所示为超精密磨削零件。

图 7.5　超精密磨削零件

（3）超精密研磨

研磨和抛光都是利用研磨剂使工件和研具之间通过相对复杂的轨迹而获得高质量、高精度的加工方法。超精密研磨包括机械研磨、化学机械研磨、浮动研磨、弹性发射加工以及磁力研磨等加工方法。超精密研磨加工出的球面度可达 $0.025\mu m$,表面粗糙度可达 $Ra$ 值 $0.003\mu m$。利用弹性发射加工可加工出无变质层的镜面,表面粗糙度可达 $0.5nm$。最高精度的超精密研磨可加工出平面度为 $\lambda/200$ 的零件。超精密研磨的关键条件是几乎无振动的研磨运动、精密的温度控制、洁净的环境以及细小而均匀的研磨剂,此外高精度检测方法也必不可少。超精密研磨主要用于加工高表面质量与高平面度的集成电路芯片和光学平面以及蓝宝石窗口等。图 7.6 所示为超精密研磨的超大光学玻璃。

**3. 超精密加工技术的地位和作用**

先进制造技术已经是一个国家经济发展的重要手段之一。许多国家都十分重视先进制造技术的水平和发展,利用它进行产品革新、扩大生产和提高国际经济竞争能力。当前,美国、日本、德国等国家的经济发展在世界上处于领先水平的重要原因之一,就是这些国家把先进制造技术看做是现代国家经济上获得成功的关键因素。

图 7.6　超精密研磨直径 6m 超大光学玻璃

　　从先进制造技术的技术实质性而论,主要有精密和超精密加工技术与制造自动化两大领域。前者追求加工上的精度和表面质量极限;后者包括了产品设计、制造和管理的自动化,它不仅是快速响应市场需求、提高生产率、改善劳动条件的重要手段,而且是保证产品质量的有效举措。两者有密切关系,许多精密和超精密加工要依靠自动化技术得以达到预期指标,而不少制造自动化有赖于精密加工才能准确可靠地实现。两者具有全局的、决定性的作用,是先进制造技术的支柱。

　　(1) 超精密加工是国家制造工业水平的重要标志之一。超精密加工所能达到的精度、表面粗糙度、加工尺寸范围和几何形状是一个国家制造技术水平的重要标志之一。例如:金刚石刀具切削刃钝圆半径的大小是金刚石刀具超精密切削的一个关键技术参数,日本声称已达到 2nm,而我国尚处于亚微米水平,相差一个数量级;又如金刚石微粉砂轮超精密磨削在日本已用于生产,使制造水平有了大幅度提高,有效解决了超精密磨削磨料加工效率低的问题。

　　(2) 精密加工和超精密加工是先进制造技术的基础和关键。当前,在制造自动化领域进行了大量有关计算机辅助制造软件的开发,如计算机辅助设计(CAD)、计算机辅助工程分析(CAE)、计算机辅助工艺过程设计(CAPP)、计算机辅助加工(CAM)等,统称计算机辅助工程(CAX);又如面向装配的设计(DFA)、面向制造的设计(DFM)等,统称为面向工程的设计(DFX);又进行了计算机集成制造(CIM)技术、生产模式(如精良生产、敏捷制造、虚拟制造)以及清洁生产和绿色制造等研究。这些都是十分重要和必要的,代表了当前高新制造技术的一个重要方面。

### 7.1.3　快速原型制造技术

#### 1. 快速原型制造技术的原理和特征

　　快速原型制造技术(RP)是在 20 世纪 80 年代后期兴起的一种先进制造技术,是在现代CAD/CAM 技术、激光技术、计算机数控技术、精密伺服驱动技术以及新材料技术的基础上集成发展起来的,是近 20 年来制造技术领域的一项重大突破。

　　与传统加工方法不同,快速原型制造技术不需要加工设备(刀具、夹具、模具)就可以很快制造出形状复杂的零件。基于"材料逐层堆积"的制造理念,将复杂的三维加工分解为简单的材料二维添加的组合。利用了光、热、电灯物理手段(通常是激光),实现材料的转移和堆积。

快速原型制造技术的基本过程如图 7.7 所示。

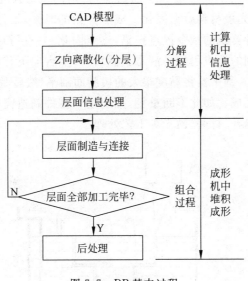

图 7.7　RP 基本过程

（1）CAD 建模

由各种三维 CAD 软件如 Pro/E、SolidWorks、SolidEdge、CoreDRAW、UG、I-DEAS 等设计出所需零件的计算机三维曲面或实体模型。

（2）生成数据转换文件

利用三维软件将得到的三维曲面或者实体模型进行转换，得到数据文件。数据转换的格式有很多，如 STL、IGES 等。目前绝大多数均采用 STL 格式。

（3）分层

将三维模型沿一定方向（通常为高度方向）离散成一系列有序的二维层片。如圆锥体就可以看做是由一系列的平面，按照一定的上下顺序叠加而成的。

（4）层面的信息处理

根据每层轮廓信息，进行工艺规划，选择加工参数，自动生成数控代码。

（5）层面加工和堆积

成形机制造一系列薄层片，并自动将它们堆积起来，得到三维物理实体。

（6）后处理

清理零件表面，去除辅助支撑结构。

典型的 RP 制造工艺包括：光固化立体造型工艺、分层实体制造工艺、选择性烧结工艺、熔融沉积制造工艺、三维打印成形工艺等。其主要原料用到纸、蜡、塑料、光敏树脂、金属等。成形技术包括光固化成形、喷射成形等。

（1）SLA

SLA（stereo lithography apparatus，光固化立体造型）法是最早出现的快速原型工艺，也是研究最多、技术最为成熟的工艺。又称为光固化成形工艺或者激光立体光刻工艺。其工艺原理是：在一定量激光或者紫外光照射下，液态光敏树脂迅速发生光聚合反应，分子量急剧增大，材料从液态转变为固态。

如图 7.8 所示是立体印刷工艺原理图。液槽中有液态光敏树脂(又名液态光固化树脂)。激光束在偏转镜作用下能在液态表面扫描,扫描的轨迹及光线的有无均由计算机控制,激光照射到的地方,光敏材料就会固化。成形开始的时候,工作平台位于液面下某一深度,激光在液面上按照计算机的指令逐点扫描,逐点固化。一层扫描完成后,激光照射到的地方变成固态,未照射到的地方仍然是液态。然后,升降台向下移动一个层面的位移,新形成的固态被液态所淹没。刮平器将黏度很大的树脂面刮平,然后激光开始再次逐点照射,逐点固化,直到第二层面完成。如此不断重复,直到整个零件制造完毕,就得到一个三维实体模型。之后进行剥离、修补、打磨、抛光等工艺处理。

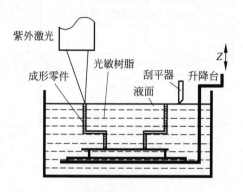

图 7.8　立体印刷工艺原理图

SLA 性能特点:制作精度高,可以制作精度达到 ±0.10mm 的产品,并且与工件的复杂程度无关;成形能力强,对细小的结构、扣位、装饰线均能成形;后处理效果逼真,这主要是因为光敏树脂硬度不高,易于打磨、修饰,并且制件本身的表面光洁度较好;材料的强度比ABS 略差,不耐温,因此不适合做受力、受热的功能测试零件。

(2) LOM

LOM(laminated object manufacturing,分层实体制造工艺)又称为叠层实体制造或者分层实体制造。其工艺原理如图 7.9 所示。

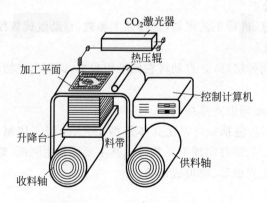

图 7.9　LOM 工艺原理图

LOM 工艺采用薄片材料,如纸、塑料薄膜、金属箔等。片材表面事先涂覆上一层热熔胶。加工时,由激光按照切片软件截取的分层轮廓信息切割工作台上的片材,然后用热压辊热压片材,使之与下面已成形的工件粘接;用 $CO_2$ 激光器在刚粘接的新层上切割出零件截面轮廓和工件外框,并在截面轮廓与外框之间多余的区域内切割出后处理时便于分离的网格;激光切割完成一层的截面后,工作台带动已成形的工件下降一个片层厚度,与带状片材(料带)分离;供料机构转动收料轴和供料轴,带动料带移动,使新层移到加工区域;工作台上升到加工平面;热压辊热压,工件的层数增加一层,高度增加一个料厚;再在新层上切割截面轮廓。如此反复直至零件的所有截面粘接、切割完,得到分层制造的实体零件。

LOM 性能特点:工艺简单,成形速度快,易于制造大型零件。LOM 工艺只须在片材上切割出零件截面的轮廓,而不用扫描整个截面。因此成形厚壁零件的速度较快,易于制造大型零件;工件外框与截面轮廓之间的多余材料在加工中起到了支撑作用,所有 LOM 工艺无需加支撑;零件的精度较高,激光切 0.1mm,刀具切 0.15mm;不存在材料相变,不易引起翘曲变形;材料广泛,成本低,用纸制原料还有利于环保;力学性能差,只适合做外形检查。

(3) SLS

SLS(selective laser sintering,选择性激光烧结工艺)工艺由美国德克萨斯大学奥斯汀分校的 C. R. Dechard 于 1989 年研制成功。该方法已被美国 DTM 公司商品化,推出了 SLS Model125 成形机。德国的 EOS 公司和我国的北京隆源自动成形系统有限公司也分别推出了各自的 SLS 工艺成形机:EOSINT 和 AFS。

SLS 工艺是利用粉末状材料成形的。SLS 工艺原理如图 7.10 所示。将材料粉末铺洒在已成形零件的上表面,并刮平;用高强度的 $CO_2$ 激光器在刚铺的新层上扫描出零件截面;材料粉末在高强度的激光照射下被烧结在一起,得到零件的截面,并与下面已成形的部分黏接;当一层截面烧结完后,铺上新的一层材料粉末,选择性地烧结下层截面。

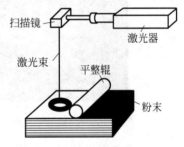

图 7.10　SLS 工艺原理

(4) DSPC

DSPC(direct shell production casting,直接制模铸造工艺)来源于三维印刷(3D printing)快速成形技术。其加工过程是先把 CAD 设计好的零件模型装入模壳设计装置,利用微型机绘制浇注模壳,产生一个达到规定厚度,需要配有模芯的模壳组件的电子模型,然后将其输至模壳制造装置,由电子模型制成固体的三维陶瓷模壳。取走模壳处疏松的陶瓷粉,露出完成的模壳,采用熔模铸造的一般方法对模壳最后加工,完成整个加工过程。此系统能检测自己的印刷缺陷,不需要图纸,就可完成全部加工。

**2. RP 技术特点**

(1) 不需要任何刀具、模具及工装卡具的情况下,可将任意复杂形状的设计方案快速转换为三维的实体模型或样件,大大地缩短了新产品的生产周期,加工效率远远高于数控加工。

(2) 模型或样件可直接用于新产品设计验证、功能验证、外观验证、工程分析、市场订货以及企业的决策等,非常有利于早找错、早修改、早优化,提高了新产品开发的一次成功率,缩短了开发周期,降低了研发成本。

(3) 快速、准确以及制造复杂模型。

（4）结合 CAD/CAM 技术、激光技术、计算机数控技术、精密伺服驱动技术以及新材料技术。

### 3. 快速原型制造技术的应用

（1）SLA 实际应用

在汽车车身制造中的应用。SLA 技术可制造出所需比例的精密铸造模具,从而浇铸出一定比例的车身金属模型,利用此金属模型可进行风洞和碰撞等试验,从而完成对车身终极评价,以决定其设计是否公道。美国克莱斯勒公司已用 SLA 技术制成了车身模型,将其放在高速风洞中进行空气动力学试验分析,取得了令人满足的效果,大大节约了试验用度。

用于汽车发动机进气管试验。进气管内腔外形是由十分复杂的自由曲面构成的,它对进气效率、燃烧过程有十分重要的影响。设计过程中,需要对不同的进气管方案做气道试验,传统的方法是用手工方法加工出由几十个截面来描述的气管木模或石膏模,再用砂模铸造进气管,加工中,木模工对图纸的理解和本身的技术水平常导致零件与设计意图的偏离,有时这种误差的影响是明显的。使用数控加工固然能较好地反映出设计意图,但其预备时间长,特别是几何外形复杂时更是如此。英国 Rover 公司使用快速成形技术生产进气管的外模及内腔模,取得了令人满意的效果,见图 7.11。

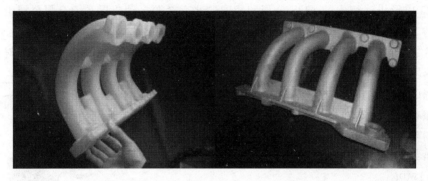

图 7.11　用 SLA 技术制作的汽车发动机进气管和实际得到的金属件

用于航空航天领域。由于 SLA 技术没有热效应,能制成各类大小规格的复杂精细零件,适用范围广泛,具有良好的综合稳定性,是唯一能满足航空航天产品的精度、表面质量和稳定性要求的快速原型技术。

用于生活类、电子类产品。如计算机及周边产品、音响、相机、手机、MP3、掌上电脑、摄像机等,以及一些结构复杂的家电类产品,如电熨斗、电吹风、吸尘器等,见图 7.12。

图 7.12　SLA 耳机、鼠标和手机

（2）LOM 实际应用

LOM 的应用范围非常广泛。在汽车车灯、制鞋、模具等方面应用尤其具有优越性，图 7.13 为使用 LOM 工艺制作的汽车车灯。

图 7.13　使用 LOM 工艺制作的汽车车灯

（3）SLS 实际应用

SLS 工艺已经成功应用于汽车、造船、航空航天、通信、微机电系统、建筑、医疗、考古等诸多行业，为许多传统制造业注入了新的创造力，也带来了信息化的气息。概括来说，SLS 工艺可以应用于以下场合：

快速原型制造。SLS 工艺可快速制造所设计零件的原形，并对产品及时进行评价、修正，以提高设计质量；可使客户获得直观的零件模型；能制造教学、试验用复杂模型。

新型材料的制备及研发。利用 SLS 工艺可以开发一些新型的颗粒，以增强复合材料和硬质合金。

小批量、特殊零件的制造加工。在制造业领域，经常遇到小批量及特殊零件的生产。这类零件加工周期长，成本高，对于某些形状复杂零件，甚至无法制造。采用 SLS 技术可经济地实现小批量和形状复杂零件的制造。

快速模具和工具制造。SLS 制造的零件可直接作为模具使用，如熔模铸造、砂型铸造、高精度形状复杂的金属模型等；也可以将成形件经后处理后作为功能零件使用，如图 7.14 所示为用 SLS 工艺制造的飞机模型。

图 7.14　SLS 工艺制造飞机模型

在逆向工程上的应用。SLS 工艺可以在没有设计图纸或者图纸不完全以及没有 CAD 模型的情况下，按照现有的零件原型，利用各种数字技术和 CAD 技术重新构造出原型 CAD 模型，如图 7.15 所示为逆向工程实现过程。

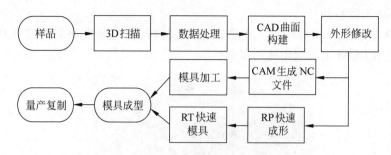

图 7.15  逆向工程实现过程

### 7.1.4  激光加工技术

激光是 20 世纪人类的四大发明之一,现在已经广泛应用于工业、军事、科学研究和日常生活中。21 世纪号称人类已经进入光电子时代,作为能量光电子的激光技术的进一步广泛应用,将极大地改变人类的生产和生活。激光加工技术实现了光、机、电技术相结合,是一种先进制造技术,目前正处于向传统制造技术中许多工艺过程积极渗透的阶段。由于它具有无接触、不需要模具、清洁、效率较高、方便实行数控和可以用来进行特殊加工等特点,目前已经广泛应用于汽车、冶金、航空航天、机械、日常生活用品和工业用品制造等众多领域。用来进行打孔、切割、铣削、材料表面改性和材料合成等。

**1. 激光加工基本原理**

当激光聚焦到材料上时,会发生温度升高、加热、熔化或者蒸发等现象。利用激光束可以对钢板等金属材料以及塑料和布等进行切割、连接、穿孔、淬火等加工。另外,利用激光可以改善金属表面的机械性质。这种工艺叫做激光喷射加工硬化。

激光的光斑直径从 $10\sim0.2\mu m$ 不等,并且是高密度的能量。利用激光对高熔点的材料进行高精度、超微细加工。通常,激光加工机的工作台由程序控制,可以加工形状复杂的工件。并且激光加工机属于一种非接触加工,输出控制容易,适用于自动控制系统。

**2. 激光加工特点**

(1) 不需加工工具,不存在工具消耗、无机械加工变形,加工速度快、热影响区小;

(2) 可通过调节光束能量、光斑直径及光束移动速度,实现各种加工,包括微细加工、自动化加工;

(3) 激光的功率高,几乎可以加工所有的可熔化、不可分解的金属、非金属材料,透明材料(如玻璃)也可加工;

(4) 可透过透明介质(如玻璃)、惰性气体或空气对工件加工,这在某些特殊情况下(如真空管内的焊接加工)显得十分重要和方便;

(5) 激光易于导向、聚焦和发散,可与数控机床、机器人等结合,构成各种灵活的加工系统,有利于对传统加工工艺、传统的机床、设备的改造;

(6) 激光束加工是一种热加工,影响因素很多,故加工精度难以保证和提高。激光对人体有害,须采取相应的防护措施。

**3. 激光加工技术的应用**

（1）激光打孔

激光打孔是利用高能激光照射到工件表面，使得表面产生一系列热物理现象，从而成孔。激光打孔技术由于速度快、效率高、经济效益好、应用领域广的优点，在工业生产上有着非常广泛的应用。激光可以在纺织面料、皮革制品、橡胶制品、纸制品、金属制品、塑料制品上进行打孔切割等操作。应用领域包括制衣、制鞋、工艺品制作、机器设备、零件制作和印刷电路板等。另外，激光打孔还广泛应用于金刚石模具、钟表宝石轴承及陶瓷等。利用不同的光斑形状，还可以打出特殊的孔，见图 7.16。

图 7.16　激光打孔件

（2）激光切割

激光切割的原理与激光打孔相似，但工件与激光束要相对移动。在实际加工中，采用工作台数控技术，可以实现激光数控切割。激光切割是利用经聚焦的高功率密度激光束照射工件，使被照射的材料迅速熔化、汽化、烧蚀或达到燃点，同时借助与光束同轴的高速气流吹除熔融物质，从而实现将工件割开，见图 7.17。激光可以切割金属，也可以切割非金属。在激光切割过程中，由于激光对被切割材料不产生机械冲击和压力，再加上激光切割切缝小，便于自动控制，故在实际中常用来加工玻璃、陶瓷、各种精密细小的零部件，激光切割属于热切割方法之一。

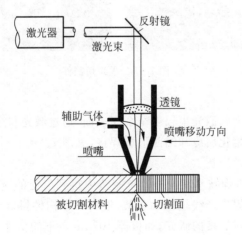

图 7.17　激光切割原理

在汽车制造领域，小汽车顶窗等空间曲线的切割技术都已经获得广泛应用。德国大众汽车公司用功率为 500W 的激光器切割形状复杂的车身薄板及各种曲面件。在航空航天领域,激光切割技术主要用于特种航空材料的切割,如钛合金、铝合金、镍合金、铬合金、不锈钢、氧化铍、复合材料、塑料、陶瓷及石英等。用激光切割加工的航空航天零部件有发动机火焰筒、钛合金薄壁机匣、飞机框架、钛合金蒙皮、机翼长桁、尾翼壁板、直升机主旋翼、航天飞机陶瓷隔热瓦等。激光切割成形技术在非金属材料领域也有着较为广泛的应用。不仅可以切割硬度高、脆性大的材料,如氮化硅、陶瓷、石英等;还能切割加工柔性材料,如布料、纸张、塑料板、橡胶等,如用激光进行服装剪裁,可节约衣料 $10\%\sim12\%$,提高功效 3 倍以上,如图 7.18 所示为 L-1000 型 $CO_2$ 激光切割机器人,图 7.19 所示为激光切割件。

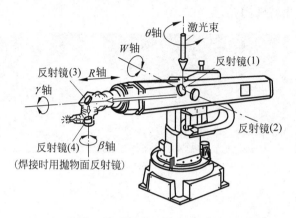

图 7.18　L-1000 型 $CO_2$ 激光切割机器人

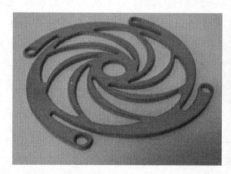

图 7.19　激光切割件

（3）激光焊接

激光焊接是将高强度的激光束辐射至金属表面,通过激光与金属的相互作用,金属吸收激光转化为热能使金属熔化后冷却结晶形成焊接,见图 7.20。

激光焊接的应用非常广泛。

在制造行业:激光拼焊技术在国外轿车制造中得到广泛的应用。据统计,2000 年全球范围内剪裁坯板激光拼焊生产线超过 100 条,年产轿车构件拼焊坯板 7000 万件,并继续以较高速度增长。对超薄板焊接的研究,如板厚 $100\mu m$ 以下的箔片,无法熔焊,但通过有特殊输出功率波形的 YAG 激光焊得以成功,显示了激光焊的广阔前途,如图 7.21 所示为激光拼焊车身。

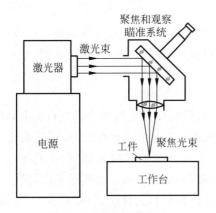

图 7.20　激光焊接原理　　　　　　　　　　图 7.21　激光拼焊车身

粉末冶金领域：随着科学技术的不断发展，许多工业技术上对材料特殊要求，应用冶铸方法制造的材料已不能满足需要。由于粉末冶金材料具有特殊的性能和制造优点，在某些领域如汽车、飞机、工具刀具制造业中正在取代传统的冶铸材料，随着粉末冶金材料的日益发展，它与其他零件的连接问题显得日益突出，使粉末冶金材料的应用受到限制。在 20 世纪 80 年代初期，激光焊以其独特的优点进入粉末冶金材料加工领域，为粉末冶金材料的应用开辟了新的前景，如采用粉末冶金材料连接中常用的钎焊的方法焊接金刚石，由于结合强度低，热影响区宽，特别是不能适应高温及强度要求高而引起钎料熔化脱落，采用激光焊接可以提高焊接强度以及耐高温性能。

汽车工业领域：激光焊接生产线已大规模出现在汽车制造业，成为汽车制造业突出的成就之一。德国奥迪、奔驰、大众等欧洲的汽车制造厂早在 20 世纪 80 年代就率先采用激光焊接车顶、车身、侧框等钣金焊接，20 世纪 90 年代美国通用、福特和克莱斯勒公司竞相将激光焊接引入汽车制造。意大利菲亚特在大多数钢板组件的焊接装配中采用了激光焊接，日本的日产、本田在制造车身覆盖件中都使用了激光焊接和切割工艺，高强钢激光焊接装配件因其性能优良在汽车车身制造中使用得越来越多。

## 7.1.5　绿色制造技术

绿色制造又称为环境意识制造、面向环境的制造等，即在机械制造过程中，将环境因素考虑进去，其目的是利用技术手段，优化制造程序，降低环境污染，达到节约资源、可持续发展的目的。现代化的机械制造包含了产品设计、产品制造、包装、运输以及产品的回收等不同阶段，绿色制造就是通过提高资源回收利用率、优化资源配置、合理保护环境三个方面进行机械制造行业的产业升级和优化。

绿色制造及其相关问题的研究近年来非常活跃。特别是在美国、加拿大、西欧等一些发达国家，对绿色制造及相关问题进行了大量的研究。在我国，近年来在绿色制造及相关问题方面也进行了大量的研究。

### 1. 绿色制造技术的主要因素

绿色制造基本模式分为三大方面，分别是绿色资源、绿色生产以及绿色产品。

（1）绿色资源

绿色资源是指在制造过程中使用绿色的材料和能源,从原材料和能源角度出发,尽可能选择一些污染比较小或无污染的材料,而且这些材料应该要有回收利用的价值,这样才能达到绿色制造的基本要求。

（2）绿色生产

绿色生产包括绿色设计和绿色生产工艺。绿色设计应该对制造产品进行充分地综合考虑,例如,产品的质量、产品的寿命、产品和环境的关系等方面。除此以外,还应在设计的过程中对环境因素进行有效的考虑。绿色工艺是指在对产品生产的过程中,有效地减少环境污染和节约能源。对绿色工艺的合理使用要对节能环保的技术方面进行考虑,进一步对怎样降低产品的污染展开详细的研究,还需要对怎样降低材料的使用、怎样减少废弃材料的产生、怎样减少对环境的影响等进行充分考虑。

（3）绿色产品

绿色产品是指在产品的包装运输、使用以及回收利用过程中,结合绿色理念,降低产品后期循环过程中的能源消耗和环境污染。

**2. 绿色制造的特点**

绿色制造具有全面性、综合性以及交叉性的特点。其中全面性指的是绿色制造必须贯穿整个产品的生命周期,它覆盖了产品生命周期的每个阶段,而且对于不同的阶段需要的措施不同。综合性是指在产品制造的不同阶段会对环境造成不同程度的影响,绿色制造既要考虑造成环境破坏的具体原因,又要考虑资源、设备、产品之间的关系,从整体上把握内在联系,从而达到优化升级、降低污染的目的。交叉性是指整个绿色制造过程涵盖了多种学科,例如机械制造技术、材料技术、环境管理等,体现出了学科上的交叉性特点。

**3. 绿色制造的发展趋势**

当前,世界上掀起一股"绿色浪潮",环境问题已经成为世界各国关注的热点,并列入世界议事日程,制造业将改变传统制造模式,推行绿色制造技术,发展相关的绿色材料、绿色能源和绿色设计数据库、知识库等基础技术,生产出保护环境、提高资源效率的绿色产品,如绿色汽车、绿色冰箱等,并用法律、法规规范企业行为。随着人们环保意识的增强,那些不推行绿色制造技术和不生产绿色产品的企业,将会在市场竞争中被淘汰,使发展绿色制造技术势在必行。

（1）全球化

绿色制造的全球化特征体现在:制造业对环境的影响往往是超越空间的,人类需要团结起来,保护我们共同拥有的唯一地球;随着近年来全球化市场的形成,绿色产品的市场竞争将是全球化的;近年来许多国家要求进口产品要进行绿色性认定,要有"绿色标志"。绿色制造将为我国企业提高产品绿色性提供技术手段,从而为我国企业消除国际贸易壁垒进入国际市场提供有力的支撑。

（2）社会化

绿色制造的研究和实施需要全社会的共同努力和参与,以建立绿色制造所必需的社会支撑系统。绿色制造涉及的社会支撑系统首先是立法和行政法规问题。其次,政府可制定经济政策,用市场经济的机制对绿色制造实施导向。利用经济手段对不可再生资源和虽然是可再生资源但开采后会对环境产生影响的资源严加控制,使得企业和人们不得不尽可能减少直接使用这类资源,转而寻求开发替代资源。企业要真正有效地实施绿色制造,必须考虑产品寿命终结后的处理,这就可能导致企业、产品、用户三者之间的新型集成关系的形成。

（3）集成化

绿色制造涉及产品生命周期全过程,涉及企业生产经营活动的各个方面,因而是一个复杂的系统工程问题。因此要真正有效地实施绿色制造,必须从系统的角度和集成的角度考虑和研究绿色制造中的有关问题。当前,绿色制造的集成功能目标体系、产品和工艺设计与材料选择系统的集成、用户需求与产品使用的集成、绿色制造的问题领域集成、绿色制造系统中的信息集成、绿色制造的过程集成等将成为绿色制造的重要研究内容。

（4）并行化

绿色设计今后的一个重要趋势就是与并行工程的结合,从而形成一种新的产品设计和开发模式绿色并行工程。它是一个系统方法,以集成的、并行的方式设计产品及其生命周期全过程,力求使产品开发人员在设计一开始就考虑到产品整个生命周期。

（5）智能化

智能化是将人工智能和智能制造技术有机结合。绿色制造的决策目标体系是现有制造系统目标体系与环境影响和资源消耗的集成,即形成了现有制造系统的决策目标体系。要优化这些目标,需要用人工智能方法来支撑处理。另外绿色产品评估指标体系及评估专家系统,均需要人工智能和智能制造技术。因此,基于知识系统、模糊系统和神经网路等的人工智能技术将在绿色制造研究开发中起到重要作用。

# 7.2　制造自动化技术

## 7.2.1　制造自动化的定义和内涵

早期制造自动化的概念是指在一个生产过程中,机器之间的零件转移不用人去搬运就是"自动化"。制造自动化（以下简称自动化）的概念是一个动态发展过程。随着电子和信息技术的发展,特别是随着计算机的出现和广泛应用,自动化的概念已扩展为用机器（包括计算机）不仅代替人的体力劳动而且还代替或辅助脑力劳动,以自动地完成特定的作业。

制造自动化的广义内涵包括了以下几点:

（1）形式方面。制造自动化有三个方面的含义:代替人的体力劳动;代替或辅助人的脑力劳动;制造系统中人、机及整个系统的协调、管理、控制和优化。

（2）功能方面。制造自动化的功能目标是多方面的,可以使用 TQCSE 模型描述。T 表示产品生产时间和生产率（time）,Q 表示产品质量（quality）,C 表示生产成本（cost）,S 表示产品服务和制造服务（service）,E 表示环境保护（environment）。

（3）范围方面。涉及产品生命周期所有过程,而不仅涉及具体生产制造过程。

## 7.2.2　制造自动化的发展历程及趋势

### 1. 制造自动化的发展历程

制造自动化的历史和发展可分为五个台阶,见表 7.1。

表 7.1　制造自动化技术发展进程表

| 发展阶段 | | 名称 | 引入的新技术 | 特征 | 机械制造系统学科发展与制造系统科学相关的背景 | 发展与成熟应用的年代 | 适用范围 |
|---|---|---|---|---|---|---|---|
| 第一阶段 | 传统的机械制造自动化 | 自动化单机自动化生产线 | 继电器程序控制组合机床 | 高效率高刚性 | 传统的机械设计制造工艺方法 | 20世纪40—50年代 | 大批量 |
| 第二阶段 | 现代机械制造自动化 | 数控机床加工中心 | NC/CNC | 灵活性工序集中 | 电子技术/数字电路计算机编程技术 | 20世纪50—70年代(NC) 20世纪70—80年代(CNC) | 单件小批量多品种 |
| 第三阶段 | | 柔性制造系统柔性生产线 | CAD/工业机器人/CAM/成组技术/DNC/FMS/FML | 柔性与效率的理想结合 | 计算机几何图形技术、离散事件系统理论方法与仿真技术车间生产计划与控制计算机控制与通信网络 | 20世纪70—80年代 | 中小批量多品种大批量 |
| 第四阶段 | | 计算机集成制造系统 | CAD/CAPP/CAM集成生产管理与调度自动化加工系统信息技术仿真技术与车间动态调度 | 全盘自动化、最优化、智能化、网络化信息处理 | 设计、工艺、计划、制造集成信息处理人工智能/智能制造组织学、决策支持全厂范围内分布式网络通信与数据资源共享 | 20世纪80年代以后 | 设计、制造、经济管理全厂自动化 |

　　刚性自动化:刚性自动化包括刚性自动线和自动单机。本台阶在20世纪40—50年代已相当成熟。应用传统的机械设计与制造工艺方法,采用专用机床和组合机床、自动单机或自动化生产线进行大批量生产。其特征是高生产率和刚性结构,很难实现生产产品的改变。引入的新技术包括继电器程序控制、组合机床等。

　　数控加工:数控加工包括数控(NC)和计算机数控(CNC)。本台阶中的数控(NC)在20世纪50—70年代发展迅速并已成熟,但到了20世纪70—80年代,由于计算机技术的迅速发展,它迅速被计算机数控(CNC)取代。数控加工设备包括数控机床、加工中心等。数控加工的特点是柔性好、加工质量高,适用于多品种、中小批量(包括单件产品)的生产。引入的新技术包括数控技术、计算机编程技术等。

　　柔性制造:强调制造过程的柔性和高效率。适用于多品种、中小批量的生产。涉及的主要技术包括成组技术(GT)、计算机直接数控和分布式数控(DNC)、柔性制造单元(FMC)、柔性制造系统(FMS)、柔性加工线(FML)、离散系统理论和方法、仿真技术、车间计划与控制、制造过程监控技术、计算机控制与通信网络等。

　　计算机集成制造系统(CIMS):CIMS既可看作是制造自动化发展的一个新阶段,又可看作是包含制造自动化系统的一个更高层次的系统。CIMS自20世纪80年代以来得到迅速发展,而今正方兴未艾。其特征是强调制造全过程的系统性和集成性,以解决现代企业生存与竞争的 TQCS 问题,即产品上市快(time)、质量好(quality)、成本低(cost)和服务好(service)。CIMS 涉及的学科和技术非常广泛,包括现代制造技术、管理技术、计算机技术、信息技术、自动化技术和系统工程技术等。

新的制造自动化模式:新的制造自动化模式如智能制造、敏捷制造、虚拟制造、网络制造、全球制造、绿色制造等。上述新的制造自动化模式是在 20 世纪末提出并开展研究的,是制造自动化面向 21 世纪的发展方向。

**2. 制造自动化的发展趋势**

制造智能化:智能制造系统是一种由智能机器和人类专家共同组成的人机一体化智能系统。它在制造过程中进行诸如分析、推理、判断、构思和决策等智能活动。智能制造技术的目标是通过智能机器与人的协作来扩大、拓展、代替人的脑力劳动。

制造敏捷化:敏捷制造是一种面向 21 世纪的制造战略和现代制造模式,其主要涉及制造环境和制造过程的敏捷性。制造环境和制造过程的敏捷性包括:①柔性。柔性包括机器柔性、工艺柔性、运行柔性和扩展柔性等;②重构能力。能实现快速重组重构,增强对新产品开发的快速响应能力;③快速化的集成制造工艺,如快速原型制造 RPM。

制造全球化:制造全球化的概念出于美日欧等发达国家的智能系统计划。近年来随着 Internet 技术的发展,制造全球化的研究和应用发展迅速。制造全球化包括的内容非常广泛,主要有:市场的国际化、产品销售的全球网络正在形成、产品设计和开发的国际合作、产品制造的跨国化、制造企业在世界范围内的重组与集成、制造资源的跨地区、跨国家的协调、共享和优化利用、全球制造的体系结构将要形成。

制造网络化:当前由于网络技术特别是 Internet/Intranet 技术的迅速发展,正在给企业制造活动带来新的变革,其影响的深度、广度和发展速度往往远超过人们的预测。基于网络的制造,包括以下几个方面:①制造环境内部的网络化,实现制造过程的集成。②制造环境与整个制造企业的网络化,实现制造环境与企业中工程设计、管理信息系统等各子系统的集成。③企业与企业间的网络化,实现企业间的资源共享、组合与优化利用。④通过网络,实现异地制造。

制造虚拟化:制造虚拟化主要指虚拟制造。虚拟制造(virtual manufacturing)是以制造技术和计算机技术支持的系统建模技术和仿真技术为基础,集现代制造工艺、计算机图形学、并行工程、人工智能、人工现实技术和多媒体技术等多种高新技术为一体,由多学科知识形成的一种综合系统技术。虚拟制造是实现敏捷制造的重要关键技术,对未来制造业的发展至关重要;同时虚拟制造将在今后发展成为很大的软件产业。

制造绿色化:绿色制造是一个综合考虑环境影响和资源效率的现代制造模式,其目标是使得产品从设计、制造、包装、运输、使用到报废处理的整个产品生命周期中,对环境的影响最小,资源效率最高。绿色制造是可持续发展战略在制造业中的体现,或者说绿色制造是现代制造业的可持续发展模式。

## 7.2.3  制造自动化的关键技术

(1)制造系统中的集成技术和系统技术已成为制造自动化研究中热点问题

制造自动化技术研究过去主要集中在单元和专门技术的研究中,这些技术包括控制技术（如数控技术、过程控制和过程监控等）和计算机辅助技术（如 CAD、CAPP、CAM 和 CAE）等。近年来，在上述单元技术和专门技术继续发展的同时，制造系统中的集成技术和系统技术的研究发展迅速，已成为制造自动化研究中的热点。制造系统中的集成技术和系统技术涉及面很广。其中集成技术包括制造系统中的信息集成和功能集成技术（如 CIMS）、过程集成技术（如并行工程 CE）、企业间集成技术（如敏捷制造 AM）等；系统技术包括制造系统分析技术、制造系统建模技术、制造系统运筹技术、制造系统管理技术和制造系统优化技术等。

（2）更加注重研究制造自动化系统中人的作用的发挥

在过去一段时期，人们曾认为全盘自动化和无人化工厂或车间是制造自动化发展的目标。随着实践的深入和一些无人化工厂实施的失败，人们对无人制造自动化问题进行了反思，并对于人在制造自动化系统中，有着机器不可替代的重要作用进行了重新认识。有鉴于此，国内外对于如何将人与制造系统有机结合，在理论与技术上展开了积极的探索。近年来，提出了"人机一体化制造系统""以人为中心的制造系统"等新思想，其内涵就是发挥人的核心作用，采用人机一体的技术路线，将人作为系统结构中的有机组成部分，使人与机器处于优化合作的地位，实现制造系统中人与机器一体化的人机集成的决策机制，以取得制造系统的最佳效益。目前，围绕人机集成问题国内外正在进行大量研究。

（3）单元系统的研究仍然占有重要的位置

单元系统是以一台或多台数控加工设备和物料储运系统为主体，在计算机统一控制管理下，可进行多品种、中小批量零件自动化加工生产的机械加工系统的总称。它是计算机集成制造系统（CIMS）的重要组成部分，是自动化工厂车间作业计划的分解决策层和具体执行机构。国内外制造行业在单元系统的理论和技术研究方面投入了大量的人力物力，因此单元技术无论是软件还是硬件均有迅速的发展。

（4）制造过程的计划和调度研究十分活跃，但实用化的成果还不多见

美国 Ingersoll 铣床公司曾分析了在传统的制造工厂中从原材料进厂到产品出厂的制造过程。结果表明，对一个机械零件来说，只有 5% 的时间是在机床上；95% 的时间中，零件在不同的地方和不同的机床之间运输或等待。减少这 95% 的时间，是提高制造生产率的重要方向。优化制造过程的计划和调度是减少 95% 的时间的主要手段。有鉴于此，国内外对制造过程的计划和调度的研究非常活跃，已发表了大量研究论文和研究成果。

制造过程的计划和调度的研究方面虽然已取得大量研究成果，但由于制造过程的复杂性和随机性，使得能进入实用化的特别是适用面较大的研究成果很少，大量研究还有待于进一步深化。

（5）柔性制造技术的研究向着深度和广义发展

虽然 FMS 的研究已有较长历史，但由于其复杂性和不断地发展，至今仍有大量学者对此进行研究。目前的研究主要围绕 FMS 的系统结构、控制、管理和优化运行在进行。柔性制造系统 FMS 虽然具有自动化程度高和运行效率高等优点，但由于其不仅注重信息流的集成，也特别强调物料流的集成与自动化，物流自动化设备投资在整个 FMS 的投资中占有相当大的比重，且 FMS 的运行可靠性在很大程度上依赖于物流自动化设备的正常运行，因此 FMS 也具有投资大、见效慢和可靠性相对较差等不足。

# 7.3　先进制造模式

制造模式是制造业为了提高产品质量、市场竞争力、生产规模和生产速度,以完成特定的生产任务而采取的一种有效的生产方式和一定的生产组织形式。体现为企业体制、经营、治理、生产组织和技术系统的形态和运作模式。

先进制造模式是指在生产制造过程中,依据不同的制造环境,通过有效地组织各种制造要素形成的,可以在特定环境中达到良好制造效果的先进生产方法。

## 7.3.1　精益生产

**1. 精益生产的概念**

精益生产(lean production,LP)是有效地运用现代先进制造技术和管理技术成就,从整体优化出发,满足社会需求,发挥人的技术成就,发挥人的因素;有效配置和合理使用企业资源,优化组合产品形成全过程的诸要素,以必要的劳动,在必要的时间,按必要的数量,生产必要的零部件,杜绝超量生产,消除无效劳动和浪费,降低成本、提高产品质量,用最少的投入,实现最大的产出,最大限度地为企业谋求利益的一种新型生产方式。

**2. 精益生产的特征**

(1) 以用户为"上帝"。从过去"以产品为中心"向"以用户为中心"发生转变,体现了企业经营理念的根本变化。为用户提供满足需求的产品、适宜的价格、优良的质量、快速的交货和优质的服务。

(2) 以"人"为中心。充分发挥人员的创造性和积极性;扩大雇员及其小组的独立自主权;满足员工学习新知识和实现自我价值的愿望,定期开展培训;培养职工成为多面手,提高任务安排的灵活性。

(3) 以精简为手段。精简企业组织结构;精简工作环节;采用柔性加工设备,减少直接劳动力;库存应大幅减少,实现"零库存"。

(4) 采用并行工作方式。以工作团队的形式进行产品开发。

(5) 采用成组流水线。

(6) JIT 供货方式。适时、适量地供应合适的零部件。

(7) 零缺陷工作目标。追求"尽善尽美"和"零缺陷"。

## 7.3.2　网络化制造

网络化制造是面对市场机遇,针对某一市场需要,利用以因特网(Internet)为标志的信息高速公路,灵活而迅速地组织社会制造资源,把分散在不同地区的现有生产设备资源、智力资源和各种核心能力,按资源优势互补的原则,迅速地组合成一种没有围墙的、超越空间约束的、靠电子手段联系的、统一指挥的经营实体-网络联盟企业,以便快速推出高质量、低成本的新产品。

**1. 网络化制造的特征**

如图 7.22 所示为网络化制造特征体系。

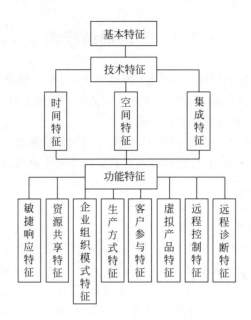

图 7.22　网络化制造特征体系

(1) 基本特征

基于网络的先进制造模式,企业通过互联网,企业内、外联网组织并管理;快速响应市场需求;资源整合共享,节省成本;突破了地域和时间的限制等特征。

(2) 技术特征

时间特征:网络使得信息能快速传输与交互,使制造系统中信息传输过程的时间效率发生根本性的变化。可以使制造活动的时间过程发生重大变化,甚至产生一些特殊功能,如可以在制造过程中利用地球时差,不间断地 24 小时工作。

空间特征:网络拓展了企业空间,基于网络的异地设计、异地制造使企业走出了围墙,走向全球。网络使得分散在全球的企业根据市场机遇随时组成动态联盟,实现资源共享,形成空间范围广阔并能够动态变化的虚拟企业。

集成特征:网络和信息的快速传递与交互支持企业内外实现信息集成、功能集成、过程集成、资源集成及企业之间的集成。

(3) 功能特征

敏捷响应特征:基于网络的敏捷制造和并行工程等技术可以显著缩短产品开发周期,迅速响应市场。

资源共享特征:通过网络将分散在各地的信息资源、设备资源甚至人才资源可实现共享和优化利用。

企业组织模式特征:网络和数据库技术将使得封闭性较强的、金字塔式递阶结构的传统企业组织模式,向着基于网络的、扁平化的、透明度高的、项目主线式的组织模式发展。

生产方式特征:过去的大批量、少品种和现在的小批量、多品种将发展到小批量、多品种、定制型生产方式。21 世纪的市场将越来越体现个性化需求的特点,基于网络的定制将是满足这种需求的一种有效模式。

客户参与特征:客户不仅是产品的消费者,而且还将是产品的创意者和设计参与者。

基于网络的 DFC 和 DBC 技术将为用户参与产品设计提供可能。

虚拟产品特征：虚拟产品、虚拟超市和网络化销售将是未来市场竞争的重要方式。用户足不出户，可在网上定制所喜爱的产品，并能够迅速见到其虚拟产品，而且可进行虚拟使用和产品性能评价。

远程控制特征：设备的宽带联网运行可实现设备的远程控制、管理以及设备资源的异地共享。

远程诊断特征：基于网络可实现设备及生产现场的远程监视及故障诊断。

**2. 网络化制造系统的组成**

（1）智能化公共信息服务平台。为企业提供智能化公共信息服务，包括基础数据、基本的公共信息、信息自动采集、分类与匹配等服务。

（2）电子商务支撑平台。实现产品、技术、人才等方面供需信息关系数据库，研究与开发客户关系管理系统和敏捷供需链管理系统，实现基于 Internet 的物流优化调度与管理。

（3）Internet 的 CSCW 支撑环境。根据敏捷制造的方法和理论，研究网络化敏捷企业支撑环境的体系结构、软件支撑技术、协同机制等，并针对分布式、网络化的产品设计，建立协同设计环境。

（4）公共数据中心。构建网上共享的制造资源信息库：包括企业生产能力、特种制造手段、人才信息、各种计算机辅助软件、标准件、通用件、图库等技术信息和产品信息。

（5）安全保障体系。为用户业务安全提供一个支撑环境和保障系统。企业网络化制造平台以搭建企业内部自身的网络化制造平台为主，围绕着企业定单信息流构筑多方位、多层次、多应用的信息化平台。

**3. 网络化制造关键技术**

（1）综合技术。包括产品全生命周期管理、协同产品商务、大批量定制和并行工程等。在上述综合技术中包括了各种新的管理理念，在相应的使能技术、基础技术和支撑技术的支持下，结合网络化制造系统的特点，这些综合技术可以有效地解决网络化制造中的不同问题。

（2）集成技术。相关的集成技术是一些网络化制造系统的关键共性技术，常用的集成技术有 CAD、CAE、CAM、CAPP、ERP、SCM、PDM、客户关系管理、供应商关系管理制造执行系统等。

（3）基础技术。相关的基础技术包括标准化技术、产品建模技术和知识管理技术等。这些技术虽然一般不直接解决具体的问题，但是作为利用使能技术解决具体问题的基础，起着十分重要的作用。

（4）支撑技术。相关的支撑技术（如计算机技术与网络技术），直接影响网络化制造系统运行的效率和可靠性，是实施网络化制造的基础设施。

上述四方面技术组成了一个有机的整体，相辅相成，从不同的方面有效地支持了企业实施网络化制造。

**4. 网络化制造的应用**

（1）运用在模具制造行业。例如，我国深圳市模具网络化制造示范系统，通过将 CAD/CAM 技术、虚拟设计与制造技术、计算机网络技术、快速成形及后处理等有机结合在一起，形成了异地人员、技术、设备优势的模具的设计与制造网络系统，能够大幅度提高制造能力和提高劳动效率,克服以往模具制造中的周期长、成本高、反应速度慢等缺点。

(2)应用于企业的动态联盟。比如,法国宇航公司、英国宇航公司、德国 DASA 公司和西班牙形成了 Airbus 集团,Airbus 的 ACE(airbus concurrent engineering)采用了相当于波音公司的异地无纸设计技术并实施并行工程,以求在空中客车系列飞机的研制中与波音公司相竞争。

(3)应用于汽车制造行业。三大汽车公司(通用汽车公司、福特汽车公司以及戴姆勒-克莱斯勒)终止各自的零部件采购计划转向共同建立零部件采购的电子商务市场,使每笔交易的平均成本从 100~150 美元降低到不到 5 美元,每辆汽车的制造成本至少降低了 1200 美元。

# 思 考 题

7.1　先进制造技术具有哪些特征?

7.2　先进制造技术是如何分类的?

7.3　先进制造工艺技术有哪些?

7.4　什么是高速切削?高速切削技术的特点和应用有哪些?

7.5　什么是快速原型制造技术?快速原型制造技术的基本内容是什么?

7.6　激光加工技术有哪些应用?

7.7　制造自动化的发展趋势是什么?

7.8　什么是制造模式?

7.9　先进制造模式的新思想表现在哪些方面?有什么特点?

7.10　什么是精益生产?简述精益生产的主要特征。

# 拓 展 资 料

## 3D 打印技术——产品设计新思维

随着 3D 打印技术的愈发成熟,相关应用将会大大改变传统的产品制作工序,提高生产效率,将优质产品更快推向市场。3D 打印技术也会被称为"快速成形技术",但这种说法并不能涵盖这种技术的所有用途。在 3D 打印中,所用到的材料有树脂、塑料,特殊情况下也会使用金属材料。

3D 打印是什么?3D 打印所指的是根据计算机数据逐层地自动打印物品。该技术已经在交通、医疗保健、军事以及教育等这些机构得到充分利用,用途包括打印概念模型、功能原型、工厂设备(如模具和机器手装置),甚至是打印制成品(如飞机内部组件)。航空、医疗这两个行业已经开发出先进的 3D 打印技术应用设备。"立体平版印刷"是最早采用的 3D 打印技术,从 20 世纪 80 年代后期一直使用到现在,不过,由于它需要含毒性的化学物质,而且制作出来的物品并不耐用,所以应用这种技术的企业并不多。从那时起,各机构开始研发新技术,当中就有熔融沉积快速成形技术(FDM)。20 世纪 90 年代推出的 FDM 技术可以制造超薄的工业品位热塑性塑料层,利用这种塑料层打印出相对耐用的物品。

3D 打印机实际上是一种通过叠加式制造工序,使用塑料或者其他材料去构造物品的设备,如图 7.23 所示为 3D 打印零件和打印机。叠加式制造工序通过自下而上的连续分层去制作物品。此方法与传统的减法制造工序正好相反,减法制作工序通过对整块材料进行"裁剪"去获取想要的形状。一些 3D 打印机体积不大,可以放置在企业部门里作为办公室设备,甚至可以说放在个人卧室里也不会碍事。相比之下,大型的快速成形设备通常必须集中放置,并且由一个具备专业知识的员工负责管理。现在最便宜的 3D 打印机只具备家用功能,可供爱好者体验一下这项新技术的应用。与专业的小型 3D 打印设备相比,这种 3D 家用打印机打印出的物品分辨率较差,尺寸不够精确,也不够牢固,欠缺耐久性。

图 7.23　3D 打印零件和打印机

自从 3D 打印技术面世以来,对设备的可靠性,以及打印物品的质量要求越来越高,这些要求推动了制造商生产具备强大兼容性的应用设备,满足客户不同的需求。同时,设备的价格越来越低,某些型号的设备即使小型企业也能够承担得起开销。在 2010 年的一份报告中,Wohlers Associates 预计叠加式制造设备的全球年销量在 2015 年将会达到 15000 套,比 2010 年销量的两倍还多。

随着专业级 3D 打印设备的价格下降,以及设备的使用变得越来越简便,许多设计师和工程师都乐于采用这项技术。人们越来越期待可以实现在数小时之内将一个计算机辅助设计绘图转化为一个真实的立体物品,这个想法会颠覆企业对设计流程的认识。有了 3D 打印技术,设计流程将会更快,更高效,还可以降低成本。

3D 打印机如何工作?  3D 打印机的工作原理其实很简单,通俗地说,首先在计算机上设计一个完整的三维立体模型(也称为计算机辅助性设计),然后把胶体或粉末等"打印材料"装入打印机,再将打印机与计算机相连接,就可以通过计算机控制把"打印材料"和三维立体模型一层层地叠加,最终把计算机上的蓝图变成实物。这种通过连续的物理层创建出三维对象的 3D 打印技术是叠加式制造工序的一种形式,与传统的叠加式制造工序相比,其具有速度快、价格便宜等优点。

在 Windows 网络或工作站上运行的打印设备软件可以读取大部分 3D 文件格式计算机辅助设计绘图数据。这种软件的作用就是将数据传输至 3D 打印设备,从而控制印刷头的移动与材料输出。在 3D 打印设备工作时,塑性模型材料细丝与可溶性支撑材料将被加热至半液体状态,然后通过挤压头输出,精确地沉积成极其细微的分层。分层的厚度范围在 $0.005\sim0.013\mathrm{in}$(即 $0.127\sim0.33\mathrm{mm}$),具体数值取决于打印设备性能。印刷头只沿水平方向或垂直方向移动,模型与支撑材料将自低而上地构造,压盘根据实际情况上下移动。在构造模型时,有了支撑材料的承托,模型的悬挂部分能够顺利完成材料沉积。此外,支撑材料还有助于构造结构复杂的模型,如嵌套结构,以及具有移动部件的多重组件。打印工作完成后,可以将模型置于水中,支撑材料将会自行溶解,如果需要,还可以为模型涂上颜料,或者进行其他处理。

3D打印技术可以为我们带来什么?虽然对于产品开发和制造来说,该项技术能够带来无限的可能性,但是大部分的技术应用主要分成四类。

**1. 概念模型**

在设计流程早期,使用3D打印技术去构造模型,可以检查设计物件的结构、外形和功效,发现任何缺点都可以第一时间修改设计。此后,如果有需要,可以再次构造、检查和修改设计,重复这个迭代过程直到设计出最好的概念模型。将二维的设计图转变为真实的物件,无疑可以加速产品开发流程,降低成本。此外,三维物件更好地展示设计,因此设计师能够更快作出更好的决定。

**2. 功能原型**

设计师可以通过制造功能原型去证明设计的合理性,同时,还可以使用三维物件进行性能测试和严格的工程评价。功能原型组件的制作通常可以提高效率,从数小时到十多小时不等,还便于第一时间找出缺点,避免出现工程性变更,付出昂贵的代价。3D打印技术还可以缩短产品上市时间,最大化产品性能。

**3. 工具制造**

企业的制造工序中,在需要钻模、夹具、测量仪器、样品、模型、压铸模等工具时,可以通过产品打印设备制作,而不是花费时间和金钱去购置和安装机器,进行铸型或浇铸。三维产品打印设备在工具制作方面不仅可以缩短时间,降低成本,还可改善生产装配流程。基于分层的构造使企业可以设计出结构精密、质量轻盈、符合人体工程学的产品,提高装配流程的效率。

**4. 制成品**

3D打印技术已经成为业界新潮流,不论是航空企业、医学设备制造商、小型的汽车生产商,还是洞悉先机的企业家,都纷纷采用这项技术。使用3D打印技术取代传统的生产流程可以节省时间,降低成本,而且无论何时,只要有需要便可以对设计做出修改,解除了传统生产流程的限制,这样,企业可以在定制业务或小批量应用设备方面开拓新市场。

# 第8章 机电一体化技术

**能力培养目标**：使学生了解机电一体化系统的基本知识和共性关键技术，了解和掌握机电一体化的设计思想、机电一体化设计的理论、方法和机电一体化典型装置，从而能够灵活地运用这些技术进行机电一体化产品的分析、设计与开发。同时，开阔学生思路，拓宽知识面，培养学生创新思维和工程实践的能力。

## 8.1 概　　述

### 8.1.1 机电一体化概念

机电一体化系统由英文词 mechatronics 翻译而来，它是由英文词 mechanics 的前半部分和 electronics 的后半部分合成而得到的新词。在日本，机电一体化被认为是"机械装置和电子设备以及相关软件等有机结合的系统"；德国认为是"包括机械、电工与电子、光学及其他技术的组合"；美国则认为机电一体化是"由计算机信息网络协调与控制的，用于完成包括机械力、运动和能量流等多动力学任务的机械和（或）机电部件相互联系的系统"。

随着科学技术的发展，特别是电子技术的发展，从分离的电子元件到集成电路，到大规模集成电路和超大规模集成电路，以及微型计算机的出现，电子技术与信息技术相结合并向其他学科渗透。信息技术的主体包括计算技术、测量与控制技术和通信技术。电子技术与信息技术同机械技术相互交叉、相互渗透，使古老的机械技术焕发了青春。

从机械产品发展到机电一体化产品可以划分为 4 个阶段。第一阶段为纯机械结构。第二阶段是在机械产品上添加电机、开关和其他电气元件形成机-电产品。第三阶段，机械产品集成了电子技术以及软件而变得具有"智能"，还可以与上级控制和调节系统的信息流和通信流集成。在第四阶段，机械产品、电子技术和软件在空间上集成而形成机电一体化产品，机电一体化不再是机械装置和电子装置的简单组合，而是机械、电子、控制、光学、信息技术和计算机技术的有机结合。

机电一体化技术的应用在增强了产品的可靠性、系统动态特性、电磁兼容性以及柔性等方面技术优势的同时，在经济方面降低了项目设计、投产、故障诊断和能量消耗方面的费用，提高了产品的经济效益和竞争能力。

### 8.1.2 机电一体化内涵

#### 1. 与传统机电控制技术的区别

传统机电技术的操作控制大都以基于电磁学原理的各种电器（如继电器、接触器等）来实现，在设计过程中对彼此之间的内在联系考虑得较少，机械执行部分和电器驱动部分界限分明，整个装置是刚性的，不涉及软件。而机电一体化技术是以计算机为控制中心，在设计过程中强调机械部件和电子器件的相互作用和影响,整个装置包括软件在内,具有很好的灵活性。

**2. 与并行工程的区别**

并行工程是将机械、微电子、计算机、控制和电子技术在各自范围内进行设计制造,最后完成总体装置。而机电一体化技术是将上述各种技术在设计和制造阶段有机地结合起来,强调机械和其他部件之间的相互作用。

**3. 与自动控制技术的区别**

自动控制的侧重点是讨论控制原理、控制规律、分析方法和自控系统的构造等。而机电一体化技术是将自动控制原理及方法作为重要支撑技术,应用自控原理和方法,对机电一体化装置进行系统分析和性能估测,其强调的是机电一体化系统本身。

**4. 与计算机应用技术的区别**

计算机技术是一项高科技技术,它包括软件和硬件两部分,研究领域十分广阔。机电一体化技术只是将计算机作为控制的核心部件应用,目的在于提高和改善机电产品的整体系统性能,而不是计算机技术本身的研究。

## 8.1.3　机电一体化技术的优势

机电一体化技术综合利用各相关技术优势,扬长避短,取得系统优化效果,有显著的社会效益和技术经济效益。具体可概括为以下几个方面。

**1. 提高精度**

机电一体化技术使机械传动部件减少,因而使因机械磨损、配合间隙及受力变形等所引起的误差大大减小,同时由于采用电子技术实现自动检测、控制、补偿和校正因各种干扰因素造成的动态误差,从而可以达到单纯机械装备所不能达到的工作精度。如采用微型计算机误差分离技术的电子化圆度仪,其测量精度可由原来的 $0.025\mu m$ 提高到 $0.01\mu m$;大型镗铣床装感应同步器数显装置可将加工精度从 $0.006mm$ 提高到 $0.002mm$。

**2. 增强功能**

现代高新技术的引入,极大地改变了机械工业产品的面貌。具备多种复合功能,成为机电一体化产品和应用技术的一个显著特征。例如,加工中心机床可以将多台普通机床上的多道工序在一次装夹中完成,并且还有刀具磨损自动补偿、自动显示刀具动态轨迹图形、自动控制和自动故障诊断等极强的应用功能;配有机器人的大型激光加工中心,能完成自动焊接、划线、切割、钻孔、热处理等操作,可加工金属、塑料、陶瓷、木材、橡胶等各种材料。这种极强的复合功能,是传统机械加工系统所不能比拟的。

**3. 提高生产效率,降低成本**

机电一体化生产系统能够减少生产准备时间和辅助时间,缩短新产品的开发周期,提高产品合格率,减少操作人员,提高生产效率,降低成本。例如数控机床生产效率要比普通机床高 5~6 倍,柔性制造系统可使生产周期缩短 40%,生产成本降低 50%。

**4. 节约能源、降低消耗**

机电一体化产品通过采用低能耗的驱动机构、最佳的调节控制和提高设备的能源利用率来达到显著的节能效果。例如汽车电子点火器,由于控制最佳点火时间和状态,可大大节约汽车的耗油量;工业锅炉若采用微型计算机精确控制燃料与空气的混合比,可节煤

5％～20％；电弧炉是最大的耗电设备之一，如改用微型计算机实现最佳功率控制，可节电 20％。

**5. 提高安全性、可靠性**

具有自动检测监控的机电一体化系统，能够对各种故障和危险情况自动采取保护措施，及时修正运行参数，提高系统的安全可靠性。例如大型火力发电设备中锅炉和汽轮机的协调控制、汽轮机的电液调节系统、自动启停系统和安全保护系统等，不仅提高了机组运行的灵活性，而且提高了机组运行的安全性和可靠性，使火力发电设备逐步走向全自动控制。又如大型轧机多级计算机分散控制系统，可以解决对大型、高速冷热轧机的多参数测量和控制问题，保证系统可靠运行。

**6. 简化结构，减轻质量，降低成本**

由于机电一体化系统采用新型电力电子器件和新型传动技术，代替笨重的老式电气控制的复杂机械变速传动机构，由微处理机和集成电路等微电子元件和程序逻辑软件，完成过去靠机械传动链来实现的运动，从而使机电一体化产品体积减小、结构简化、质量减轻。由于结构的简化，材料消耗的减少，制造成本的降低，同时由于微电子技术的高速发展，微电子器件价格迅速下降，因此机电一体化产品价格低廉，而且维修性能得到改善，使用寿命得到延长。

## 8.1.4　机电一体化技术发展趋势

机电一体化是机械、电子、光学、控制、计算机、信息等多学科的交叉融合，它的发展和进步依赖并促进相关技术的发展和进步。机电一体化技术的主要发展趋势体现在如下一些特点上。

**1. 智能化**

智能化是 21 世纪机电一体化技术发展的主要方向。这里所说的"智能化"是对机器行为的描述，是在控制理论的基础上，吸收人工智能、运筹学、计算机科学、模糊数学、心理学、生理学和动力学等新思想、新方法，模拟人类智能，以获得更高的控制目标。

**2. 模块化**

机电一体化产品种类和生产厂家繁多，研制和开发具有标准机械接口、电气接口、动力接口、环境接口的机电一体化产品单元是一项十分复杂但又很重要的工作。利用标准单元迅速开发出新的产品，扩大生产规模，将给机电一体化企业带来美好的前景。

**3. 网络化**

20 世纪 90 年代，计算机技术的突出成就就是网络技术。各种网络将全球经济、生产连成一体，企业间的竞争也全球化。由于网络的普及，基于网络的各种远程控制和监视技术方兴未艾，而远程控制的终端设备就是机电一体化产品。

**4. 微型化**

微型化指的是机电一体化向微型化和微观领域发展的趋势。微机电一体化产品指的是几何尺寸不超过 1mm 的机电一体化产品，其最小的体积近期将向纳米和微米范畴发展。微机电一体化发展的瓶颈在于微机械技术。微机电一体化产品的加工采用精细加工技术，即超精密技术，它包括光刻技术和蚀刻技术两类。

**5. 绿色化**

21 世纪的主题词是"环境保护"，绿色化是时代的趋势。绿色产品在其设计、制造、使用和销毁的生命过程中，要符合特定的环境保护和人类健康的要求，对生态环境无害或危害极少，资源利用率高。机电一体化产品的绿色化主要是指使用时不污染生态环境。

**6. 人性化**

未来的机电一体化更加注重产品与人的关系，机电一体化产品的最终使用对象是人，赋予机电一体化产品以人的智慧、情感、人性将变得更加重要，特别是对家用机器人，其高层境界就是人机一体化。

# 8.2　机电一体化系统的构成与关键技术

## 8.2.1　机电一体化系统的构成

### 1. 机电一体化系统的构成要素

一个较完善的机电一体化系统，应包括 6 个基本要素：机械本体、执行机构、驱动部分、测试传感部分、控制及信息处理单元、能源。各要素和环节之间通过接口相联系。

机电一体化产品的各基本组成要素之间共同完成所规定的功能，即在机械本体的支持下，由传感器检测产品的运行状态及环境变化，将信息反馈给电子控制单元，电子控制单元对各种信息进行处理，并按要求控制执行器的运动，执行器的能源则由动力部分提供。在结构上，各组成要素通过各种接口及相关软件有机地结合在一起，构成一个内部合理匹配、外部效能最佳的完整产品。

（1）机械本体

机械本体是系统所有功能元素的机械支持结构，包括机身、框架、机械连接等。由于机电一体化产品在技术性能、水平和功能上的提高，机械本体要在机械结构、材料、加工工艺性以及几何尺寸等方面适应产品的高效、多功能、可靠、节能、小型、轻量和美观等要求。

（2）执行机构

执行机构是在驱动部分的动力作用下，完成要求的动作。执行机构是运动部件，一般采用机械、电磁、电液等机构。根据机电一体化系统的匹配性要求，需要考虑性能，如提高刚度，减轻质量，实现模块化、标准化和系列化，提高系统整体可靠性等。

（3）驱动部分

驱动部分是在控制信息的作用下提供动力，驱动各种执行机构完成各种动作和功能。机电一体化系统一方面要求驱动的高效率和快速响应特性，同时要求对水、油、温度、尘埃等外部环境的适应性和工作可靠性。由于几何尺寸上的限制，动作范围狭窄，还需考虑维修和标准化。随着电力电子技术的高速发展，高性能步进驱动、直流和交流伺服驱动方法已经大量地应用于机电一体化系统。

（4）测试传感部分

测试传感部分是对系统运行中所需的本身和外界环境的各种参数及状态进行检测，变成可识别的信号，传输到信息处理单元，经过分析和处理后产生相应的控制信息。测试传感部分的功能一般由专门的传感器和仪表来完成。传感器的精度决定了系统精度的上限。传感器的技术水平制约着整个机电一体化技术的发展,它是机电一体化的瓶颈技术之一。

(5) 控制及信息处理单元

控制及信息处理单元,将来自各传感器的检测信息和外部输入命令进行集中、存储、分析、加工,根据信息处理结果,按照一定的程序和节奏发出相应的指令,控制整个系统有目的地运行。它一般由计算机、可编程序控制器(PLC)、数控装置以及逻辑电路、A/D 与 D/A 转换、I/O(输入/输出)接口和计算机外部设备等组成。机电一体化系统自诊断对控制和信息处理单元的基本要求是:提高信息处理速度和可靠性,增强抗干扰能力,完善系统自诊断功能,实现信息处理智能化和小型、轻量、标准化等。

(6) 能源

按照系统的要求,能源为系统提供能量和动力,使系统正常运行。常用的能源有电源、液压源、气压源等。用尽可能小的动力输入,获得尽可能大的功率输出,是机电一体化产品的显著特征之一。

**2. 机电一体化系统构成实例**

(1) 数控机床

现代数控机床一般由数控装置、伺服系统、位置测量与反馈系统、辅助控制单元和机床主机组成,图 8.1 所示是各组成部分的逻辑结构简图,图 8.2 所示是数控机床实物图。

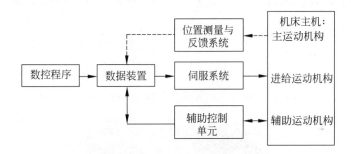

图 8.1　数控机床逻辑结构图

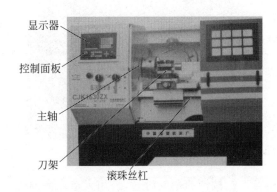

图 8.2　数控机床实物图

数控装置是数控机床的核心,能完成信息的输入、存储、变换、插补运算以及实现各种功能。

伺服系统是接受数控装置的指令,驱动机床执行机构运动的驱动部件,它包括主轴驱动单元(主要是速度控制)、进给驱动单元(主要有速度控制和位置控制)、主轴电机和进给电机等。

位置测量与反馈系统由检测元件和相应电路组成,其作用是检测速度与位移,并将信息反馈给数控装置,形成闭环控制;但不一定每种数控机床都装备位置测量与反馈系统,没有测量与反馈系统的数控装置称开环控制系统(如运动简单的中低档数控车床),常用的测量元件有脉冲编码器、旋转变压器、感应同步器、光栅尺等。

辅助控制单元用以控制机床的各种辅助动作,包括冷却泵的启停等各种辅助操作。

机床主机包括床身、主轴、进给机构等机械部件。

(2)指针式石英钟

石英钟机芯由机械传动和电器电路两大系统构成,结构图如图8.3所示,实物图如图8.4所示。而系统中的主要部件包括石英晶振、集成电路、微调电容、步进电机。

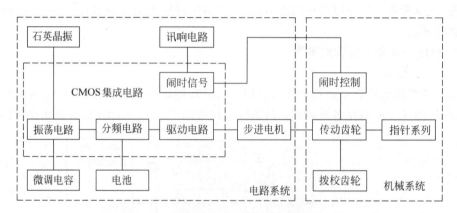

图8.3 指针式石英钟逻辑结构图

图8.4 指针式石英钟实物图

石英晶振的功能相当于机械钟的摆轮游丝,采用人造水晶通过切割镀极工艺制成,能使电路产生稳定频率的振荡,是走时精度的关键元件。一般来说,晶振的频率越高,经分频后的秒脉冲精度越高,走时也越准确。为了减少外界影响和增强抗振、抗冲击能力,制造时把振子密封在圆柱形的金属或玻璃壳内,壳外留出引脚。

集成电路的功能是与集成电路的外围元件配合产生准确的基准频率,输出稳定的驱动信号和闹时信号。集成电路是CMOS器件,具有工作电压低、消耗小、抗干扰强、寿命长等特点。其内部含振荡、分频、窄脉冲形成、驱动和控制等部分。它和晶振一样,也分高频应用与低频应用。

微调电容的功能类似机械钟的快慢针,是为了消除石英晶振的谐振频率本身的误差和外界的分布电容对振荡频率的影响,在设计中就采用外接电容来修整振荡频率的误差,以此来满足走时的精度。石英钟快时,可增大电容容量,石英钟慢时,则减少电容容量。

步进电机的功能是将电能转换为机械能,电机定子线圈的铁芯均为高导磁率的坡莫合金材料。线圈的直流阻值因不同的产品有所差异。

石英钟的工作过程简述如下。接通电源后,集成电路与其外围的石英晶振、微调电容配合产生标准的频率振荡,经过集成电路内部的分频电路、窄脉冲形成电路处理后,通过驱动电路的作用将脉冲信号加到步进电机,步进电机在这种每秒一次的脉冲驱动下,其定子线圈产生的磁场随脉冲的交替变化而变化,使具有径向 SN 磁极的磁钢转子,每来一个脉冲便旋转 $180°$,即电机转子以每秒作 $180°$ 的步距角转动,进而带动中介轮使整个机械轮系及指针运作,显示出时间。

### 8.2.2　机电一体化的关键技术

机电一体化系统曾以机械为主要产品,如机床、汽车、缝纫机、打字机、照相机等,由于应用了微型计算机等微电子技术,它们都提高了性能并增加了“头脑”。这种将微型计算机等微电子技术用于机械并给机械以智能的技术革新潮流称为“机电一体化革命”。

机电一体化是一门新兴的边缘学科,它是由多种技术相互交叉、相互渗透而形成的,所涉及的技术领域非常广泛。要掌握机电一体化技术,开发研制机电一体化产品,就必须了解并掌握这些相关技术。概括起来,机电一体化共性关键技术主要有六大技术。

**1. 机械技术**

机械技术是机电一体化的基础。机电一体化产品中的主功能和构造功能,往往是以机械技术为主实现的。在机械与电子相互结合的实践中,不断对机械技术提出更高的要求,使现代机械技术相对于传统机械技术发生了很大变化。新材料、新工艺、新原理、新机构等不断出现,现代设计方法不断发展和完善,以满足机电一体化产品对机械部分提出的结构更新颖、体积更小、质量更轻、精度更高、刚度更大、动态性能更好等要求。特别是关键部件,如导轨、滚珠丝杠、轴承、传动部件等的材料、精度等对机电一体化产品的性能、控制精度多方面的要求,见图 8.5。

(1) 机械传动机构

机电一体化系统中所用的传动机构主要有滑动丝杠机构、滚珠丝杠机构、齿轮传动机构、同步带传动机构、间歇机构、挠性传动机构等。

(2) 机械导向机构

机电一体化系统中,机械导向机构简称导轨,作用是支承和限制运动部件,使其能按给定的运动要求和运动方向运动。目前,数控机床上的导轨主要有滑动导轨、滚动导轨和液体静压导轨等,图 8.6 所示为滚动导轨。

(3) 轴系

轴系是由轴、轴上回转零部件(带轮、齿轮)和支承、固定轴上回转零部件的零件(轴承、键、套筒等)组成的传动系统,图 8.7 所示为轮船螺旋桨轴系结构图。

图 8.5　滚珠丝杠传动机构和间歇机构

图 8.6　滚动导轨

图 8.7　轮船螺旋桨轴系结构图

（4）执行机构

执行机构要能够保证按时、准确地完成预期的动作，主要有机械式、电子式、激光和电动的执行机构等，图 8.8 所示为电动执行机构。

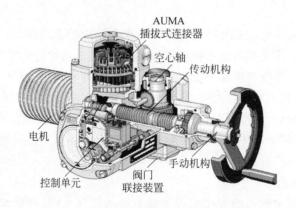

图 8.8　电动执行机构

**2. 计算机与信息处理技术**

信息处理技术包括信息的输入、识别、变换、运算、存储及输出技术，它们大都依赖计算机来进行，因此计算机技术与信息处理技术是密切相关的。信息处理技术包括信息的交换、存取、运算、判断和决策等，实现信息处理的主要工具是计算机。计算机技术包括计算机硬件技术和软件技术、网络与通信技术、数据库技术等。机电一体化系统中主要采用工业控制计算机（包括可编程控制器单片机、总线式工业计算机、分布式计算机测控系统等）进行信息处理。在机电一体化产品中，计算机与信息处理装置指挥整个系统的运行。信息处理是否正确、及时,直接影响到产品工作的质量和效率。因此,计算机应用及信息处理技术已经成为促进机电一体化技术和产品发展的最活跃的要素。

信息处理技术方面尚需要研究开发的课题有:提高硬件制造工艺,保证产品的可靠性,提高信号处理速度,研究汉字输入装置,人-机接口装置信息处理的智能化,软盘机、可编程控制器的标准化等,图 8.9 所示为工业控制计算机。

图 8.9　工业控制计算机

### 3. 自动控制技术

自动控制技术就是通过控制器使被控对象或过程自动地按照预定的规律运行。自动控制技术范围很广,包括自动控制理论、控制系统设计、系统仿真、现场调试、可靠运行等从理论到实践的整个过程。由于被控对象种类繁多,所以控制技术的内容极其丰富,包括高精度定位控制、速度控制、自适应控制、自诊断、校正、补偿、检索等控制技术。

机电一体化系统中自动控制技术主要包括位置控制、速度控制、最优控制、模糊控制、自适应控制等。主要以传递函数为基础,研究单输入、单输出一类线性自动控制系统分析与设计为题的古典控制技术发展最早且已日臻成熟。现代控制技术主要以状态空间法为基础,研究多输入、多输出、参变量、非线性、高精度、高效能等控制系统的分析和设计问题。

自动控制技术的难点在于自动控制理论的工程化和实用化,这是由于现实世界中的被控对象往往与理论上的控制模型之间存在较大的差距,使得从控制设计到控制实施往往要经过多次反复调试与修改,才能获得比较满意的结果。由于微型计算机的广泛应用,自动控制技术越来越多地与计算机控制技术联系在一起,成为机电一体化中十分重要的关键技术。

### 4. 传感与检测技术

传感与检测技术是机电一体化的关键技术,它将所测得的各种参量如位移、位置、速度、加速度、力、温度、酸度和其他形式的信号等转换为统一规格的电信号输入到信息处理系统中,并由此产生出相应的控制信号以决定执行机构的运动形式和动作幅度。传感器检测的精度、灵敏度和可靠性将直接影响到机电一体化系统的性能。

检测与传感技术的研究对象是传感器及其信号检测装置。机电一体化产品中,传感器作为感受器官将各种内、外部信息通过相应的信号检测装置反馈给控制及信息处理装置。因此检测与传感是实现自动控制的关键环节。机电一体化要求传感器能快速、精确地获取信息并经受各种苛刻环境的考验,但是由于目标检测与传感技术还不能与机电一体化的发展相适应,使得不少机电一体化产品不能达到令人满意的效果或无法实现设计。因此,大力开展检测与传感技术的研究对于发展机电一体化有十分重要的意义。

传感器可以按照被测物理量、工作原理、传感器输出信号的性质、被测对象与传感器之间的能量关系和构成原理等进行分类。

(1) 按被测物理量不同,传感器分为位移传感器、力传感器、速度传感器、温度传感器、流量传感器、气体成分传感器、生物传感器等。

(2) 按工作原理不同,传感器分为电阻式传感器、电感式传感器、电容式传感器、压电式传感器和光电式传感器等。

(3) 按传感器输出信号的性质不同,传感器可分为模拟式传感器和数字式传感器两种。

(4) 按被测对象与传感器之间的能量关系不同,传感器分为能量转换型传感器和能量控制型传感器两种。

(5) 按构成原理不同,传感器分为物性型传感器和结构型传感器两种。

**5. 执行与伺服驱动技术**

伺服驱动技术的主要研究对象是执行元件及其驱动装置。伺服是指在控制指令的指挥下控制驱动元件,使机械系统的运动部件按照指令要求进行运动。伺服系统主要用于机械位置和速度的动态控制。执行元件分为电动、气动、液压等多种类型,机电一体化产品中多采用电动式执行元件;驱动装置主要指各种电机的驱动电源电路,目前多采用电力电子器件及集成化的功能电路组成。

执行元件一方面通过电气接口与微型机相连接,以接收微型计算机的控制指令;另一方面又通过机械接口与机械传动和执行机构相连,以实现规定的动作。因此伺服驱动技术是直接执行操作的技术,对机电一体化产品的动态性能、稳态精度、控制质量等具有决定性的影响。

伺服驱动技术主要是指在控制指令的指挥下控制驱动元件,使机械的运动部件按照指令的要求进行运动,并具有良好的动态性能。执行机构主要包括电磁铁、伺服电机、步进电机、液压缸与气压缸等。

(1) 步进电机

步进电机也叫脉冲电机,它是一种将电脉冲信号转变为角位移或线位移的执行电机,见图 8.10。步进电机分为旋转式步进电机和直线式步进电机两种。每输入一个脉冲能量信号,步进电机就会转动一个固定的角度(旋转式步进电机)或者移动一个固定的位移(直线式步进电机)。可以通过控制脉冲个数来控制角位移量,从而达到准确定位的目的;通过控制脉冲频率来控制电机的转动速度,从而达到调速的目的。

图 8.10　步进电机

步进电机控制简便,体积小巧。在不超载的情况下,步进电机的转速、停止的位置等仅取决于脉冲信号的频率和脉冲数,而不受负载变化的影响。而且,步进电机具有只有周期性误差而无累积误差的特点,使其在速度、位置等控制领域应用广泛,如火炮的方位控制、打印机中的运动控制等。在数控机床中,使用步进电机可以组成低成本的经济型开环数控机床。

(2) 液压执行装置

液压执行装置利用液压缸的直线运动和液压马达的旋转运动来驱动工作对象,采用不可压缩的液体(液压油)传递动力,具有更好的准确度和频率响应等优点。可实现精确的直线运动,通过控制流量就可实现无级调速。

液压缸:液压缸将液压能转变成直线往复式的机械能,分为活塞式、柱塞式和摆动式3种。

液压马达:液压马达是把液体的压力能转换为具有旋转运动的机械能的装置。

伺服阀:液压装置中的流量调节控制装置,用来控制压力、流量和流体的方向。如图 8.11所示。$A$ 为进液口,$B$ 为出液口。

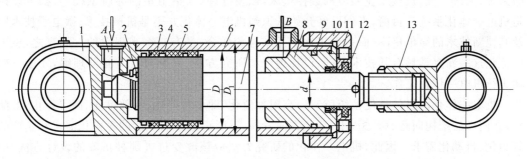

图 8.11　液压缸结构剖视图

1—缸底;2—卡键;3,5,9,11—密封圈;4—活塞;6—缸筒;
7—活塞杆;8—导向套;10—缸盖;12—防尘圈;13—耳轴

**6. 机电一体化总体设计技术**

系统总体技术是一种从整体目标出发,用系统工程的观点和方法,将系统总体分解成相互有机联系的若干功能单元,并以功能单元为子系统继续分解,直到找到可实现的技术方案,然后再把功能和技术方案组合成总体设计方案,形成经过分析、评价和优选的综合应用技术。

系统总体技术所包含的内容很多,接口技术是关键部分,机电一体化产品的各功能单元通过接口连接成一个有机的整体。中央控制器发出的指令,必须经过接口设备的转换才能转换为机电一体化产品的实际动作,而由外部输入的检测信号也只有先通过接口设备才能为中央控制器所识别。

接口分为人机接口和机电接口。人机接口作为人机之间进行信息传输的通道,具有专用性、低速性、高性价比等特点。机电接口是指机电一体化产品中机械装置与微型计算机之间的接口,包括机械电子接口、电平转换接口、模电数电转换接口等,图 8.12 所示为图形显示接口和键盘接口。

系统总体技术是最能体现机电一体化设计特点的技术,其原理和方法还在不断发展和完善。

图 8.12　图形显示接口和键盘接口

　　机电一体化发展有一个从自发到自为的过程。早在"机电一体化"概念出现之前,世界各国从事机械总体设计、控制功能设计和生产加工的科技工作者,已为机械与电子的有机结合自觉不自觉地做了许多工作,如电子工业领域的自动调谐系统、计算机外围设备和雷达伺服系统、天线系统,机械工业领域的数控机床,以及导弹、人造卫星的导航系统等,都可以说是机电一体化系统。目前,人们已经开始认识到机电一体化并不是机械技术、微电子技术以及其他新技术的简单拼凑,而是有机地相互结合和融合,是有其客观规律的。简言之,机电一体化这一新兴学科有其技术基础、设计理论和研究方法,只有对其有充分理解,才能正确地进行机电一体化工作。

　　机电一体化的目的是使系统(产品)高附加值化,即多功能化、高效率化、高可靠化、节能化,并使产品结构向轻、薄、短、小、巧化方向发展,不断满足人们生活的多样化需求和生产的省力化、自动化需求。因此,机电一体化的研究方法应该改变过去那种拼凑的设计方法,应该从系统的角度出发,采用现代设计分析方法,充分发挥边缘学科技术的优势。

## 8.3　机器人技术

### 8.3.1　机器人的定义

　　机器人(robot)是自动执行工作的机器装置。它既可以接受人类指挥,又可以运行预先编排的程序,也可以根据以人工智能技术制定的原则纲领行动。它的任务是协助或取代人类工作,例如生产业、建筑业,或是危险的工作。它是高级整合控制论、机械电子、计算机、材料和仿生学的产物。在工业、医学、农业、建筑业甚至军事等领域中均有重要用途。

### 8.3.2　机器人的分类

　　按功能划分有普通的程序控制机器人和智能机器人。程序控制机器人按照规定的顺序动作,很多工业机器人都属于这种类型。

　　智能机器人是具有感知、思维和行动功能的机器,是多种学科和高新技术综合集成的产物。智能机器人技术水平的高低往往反映了一个国家综合技术实力的高低,如图 8.13 所示为骑自行车机器人和汽车点焊机器人。

　　按用途划分有工业机器人、农业机器人、医疗机器人、海洋机器人、军用机器人、太空机器人、娱乐机器人、服务机器人、微型机器人等。

图 8.13 骑自行车机器人和汽车点焊机器人

工业机器人是面向工业领域的多关节机械手或多自由度的机器人。工业机器人是自动执行工作的机器装置,是靠自身动力和控制能力来实现各种功能的一种机器。它可以接受人类指挥,也可以按照预先编排的程序运行,现代的工业机器人还可以根据人工智能技术制定的原则纲领行动,如搬运、焊接、装配、喷漆、焊接、检测等,见图 8.14。

农业机器人是用于农业生产的特种机器人,是一种新型多功能农业机械。农业机器人的问世,是现代农业机械发展的结果,是机器人技术和自动化技术发展的产物。农业机器人的出现和应用,改变了传统的农业劳动方式,促进了现代农业的发展,如图 8.15 所示为农业采摘机器人。

图 8.14 工业喷涂机器人　　　　图 8.15 农业采摘机器人

医疗机器人技术集医学、生物力学、机械学、机械力学、材料学、计算机图形学、计算机视觉、数学分析、机器人等诸多学科为一体的新型交叉研究领域的一个研究热点。医疗机器人主要用于伤病员的手术、救援、转运和康复。

如图 8.16 所示的医疗胶囊机器人是一种能进入人体胃肠道进行医学探查和治疗的智能化微型工具,是体内介入检查与治疗医学技术的新突破。先给微型机器人通电,然后把它送入身体内,机器人缓慢地随着人体的肠胃运动遍历胃肠道,机器人体内携带的微型摄像单元以约 5 秒/帧的速度拍摄腔道影像,并通过微型无线发射模块以射频信号的形式传送至体外接收装置,工作人员可以在接收装置上进行医学图像观察处理和诊疗。

娱乐机器人以供人观赏、娱乐为目的,具有机器人的外部特征,可以像人,像某种动物,像童话或科幻小说中的人物等。同时具有机器人的功能,可以行走或完成动作,可以有语言能力,会唱歌,有一定的感知能力。如机器人歌手、足球机器人、玩具机器人、舞蹈机器人等,见图 8.17。

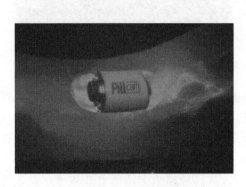
图 8.16　医疗胶囊机器人

图 8.17　娱乐机器人

地面军用机器人是一种用于军事领域的具有某种仿人功能的自动机,可分为自主式和半自主式。自主式依靠自身的智能自主导航,躲避障碍物,独立完成各种战斗任务;半自主式可在人的监视下自主行驶,在遇到困难时操作人员可以进行遥控干预。地面军用机器人在和平时期可以帮助民警排除炸弹、完成要地保安任务,在战时还可以代替士兵执行扫雷、侦察和攻击等各种任务,见图 8.18。

仿人型机器人是集机、电、材料、计算机、传感器、控制技术等多门学科于一体,是一个国家高科技实力和发展水平的重要标志,代表了机器人的尖端技术。仿人机器人与轮式、履带式机器人相比,更具灵活性,如在不平路面上行走,上下楼梯和跨越障碍。仿人机器人还能够用于辅助医疗,如动力学假肢;仿人机器人还能够用于军事用途如增加力量装置,穿在士兵身上,可用于大规模负重和远距离跋涉,见图 8.19。

图 8.18　军用机器人

图 8.19　仿人机器人

　　水下机器人体现一个国家的综合技术力量,是海洋技术开发的最前沿与制高点,利用它可取得海底世界的宝贵数据和资料,用于深海资源勘探、热液硫化物考察、深海生物基因、深海地质调查等领域。目前美国、日本、法国、俄罗斯、中国等拥有深海载人潜水器。"蛟龙号"载人潜水器是一艘由中国自行设计、自主集成研制的载人潜水器,也是"863 计划"中的一个重大研究专项。当前最大下潜深度 7062.68 米。图 8.20 所示为"蛟龙号"载人潜水器。

图 8.20　"蛟龙号"载人潜水器

　　太空探索机器人。如图 8.21(a)所示为装载在 NASA 火星探路者上的火星探查车,它可以一边在火星上行走,一边把探测到的数据传送给地球。如图 8.21(b)所示为履带步行式月球车。

(a)　　　　　　　　　　　　　　(b)

图 8.21　太空探索机器人
(a) 火星探查车 Sojourner;(b) 履带步行式月球车

### 8.3.3　机器人的系统结构

　　以工业机器人为例,机器人由机械部分、传感部分、控制部分三大部分组成。这三大部分可分成驱动系统、机械结构系统、感受系统、机器人-环境交互系统、人-机交互系统、控制系统六个子系统,见图 8.22。

　　(1) 机器人-环境交互系统

　　机器人-环境交互系统是实现机器人与外部环境中的设备相互联系和协调的系统。机器人与外部设备集成为一个功能单元,如加工制造单元、焊接单元、装配单元等。如图 8.23

所示送丝机和焊接电源所集成的焊接单元。

（2）人-机交互系统

人-机交互系统是人与机器人进行联系和参与机器人控制的装置,包括指令给定装置和信息显示装置,如图8.23所示工控机。

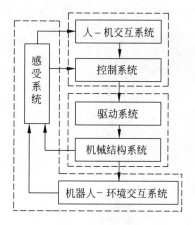

图8.22　机器人基本组成

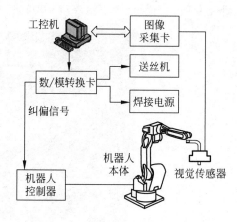

图8.23　焊接工业机器人系统组成

（3）感受系统（传感器）

它由内部传感器模块和外部传感器模块组成,获取内部和外部环境状态中有意义的信息。智能传感器的使用提高了机器人的机动性、适应性和智能化的水准。人类的感受系统对感知外部世界信息是极其灵巧的,然而,对于一些特殊的信息,传感器比人类的感受系统更有效,如图8.23所示视觉传感器。

（4）驱动系统（移动和执行机构）

要使机器人运行起来,需给各个关节即每个运动自由度安置传动装置,这就是驱动系统,如图8.23所示机器人关节的运动。

（5）控制系统（控制器）

控制器是用来控制一系列动作的部位。为了使工业机器人的手腕和手爪部位活动起来,需要控制器来向安装在这些部位的执行机构和传感器发送信号指令,使其接收位置信号。控制器会把人类所要求的作业命令记录下来,通过作业开始指令让其激活,再把必要的动作指令传送给手腕和手爪部位,如图8.23所示机器人控制器。

（6）机械结构系统

工业机器人机身、立柱等,如图8.23所示机器人本体。

### 8.3.4　机器人技术的研究内容

#### 1. 机械手

（1）机械手的定义

机械手是能模仿人手和臂的某些动作功能,用以按固定程序抓取、搬运物件或操作工具的自动操作装置。机械手是最早出现的工业机器人。它可代替人的繁重劳动以实现生产的机械化和自动化,能在有害环境下操作以保护人身安全,因而广泛应用于机械制造、冶金、电子、轻工和原子能等部门,见图8.24。

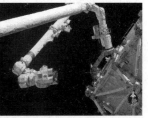

图 8.24　排爆机械手、假肢机械手和太空机械手

机械手主要由手部和运动机构组成。手部是用来抓持工件(或工具)的部件,根据被抓持物体的形状、尺寸、质量、材料和作业要求而有多种结构形式,如夹持型、托持型和吸附型等。运动机构使手部完成各种转动、移动或复合运动来实现规定的动作,改变被抓持物件的位置和姿势。运动机构的升降、伸缩、旋转等独立运动方式,称为机械手的自由度。为了抓取空间中任意位置和方位的物体,需有 6 个自由度。自由度是机械手设计的关键参数。自由度越多,机械手的灵活性越大,通用性越广,其结构也越复杂。一般专用机械手有 2~3 个自由度,如图 8.25 所示为机械手概念图。

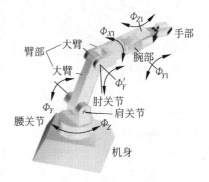

图 8.25　机械手概念图

（2）机械手的类型

机械手的种类,按驱动方式可分为液压式、气动式、电动式、机械式机械手;按适用范围可分为专用机械手和通用机械手两种;按运动轨迹控制方式可分为点位控制和连续轨迹控制机械手等。

（3）机械手的结构

机械手通常由杆件和关节组成。其中,杆件就是起到支撑的作用,关节即运动副,允许机器人手臂各零件之间发生相对运动。杆件和关节的形状是多样的,依据具体用途和使用条件而定;关节通常是使用齿轮传动、皮带传动、电机直接驱动、链条传动、蜗杆传动和柔索传动等,如图 8.26 和图 8.27 所示分别为机械手手爪和机械手手臂。

图 8.26　机械手手爪

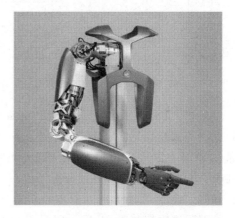

图 8.27　机械手手臂

（4）机械手的运动

分析机械手的运动需要用到机器人运动学。机器人运动学是研究机器手姿态与关节变量空间之间的关系，最终目的是保证机械手高效、安全和快速地完成任务，如图8.28所示。

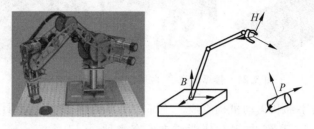

图 8.28　机械手实物和用于运动学研究的抽象模型

（5）机械手的控制

① 控制系统硬件。

单片机：全称单片微型计算机，又称微控制器，是把中央处理器、存储器、定时/计数器、各种输入/输出接口等都集成在一块集成电路芯片上的微型计算机，见图8.29。与应用在个人计算机中的通用型微处理器相比，它更强调自供应（不用外接硬件）和节约成本。它的最大优点是体积小，可放在仪表内部，但存储量小，输入/输出接口简单，功能较低。由于其发展非常迅速，旧的单片机的定义已不能满足，所以在很多应用场合被称为范围更广的微控制器；由于单芯片经常作为控制器使用，故又名 single chip microcontroller，但是目前仍多沿用"单片机"的称呼。

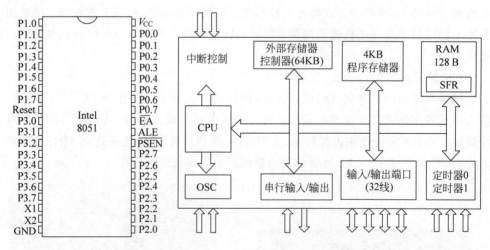

图 8.29　单片机内部结构图

单板机：单板机就是在一块 PCB 电路板上把 CPU、一定容量的 ROM、RAM 以及 I/O接口电路等大规模集成电路片子组装在一起而成的微机，并配有简单外设如键盘和显示器，通常在 PCB 上固化有 ROM 或者 EPROM 的小规模监控程序，见图8.30。它与单片机的区别在于：单板机是在一块电路板上形成一个计算机系统；单片机是在一个小芯片上形成一个计算机系统。

可编程逻辑控制器（PLC）：PLC 是一种专门为在工业环境下应用而设计的数字运算操

作的电子装置,见图 8.31。它采用可以编制程序的存储器,用来在其内部存储执行逻辑运算、顺序运算、计时、计数和算术运算等操作的指令,并能通过数字式或模拟式的输入和输出,控制各种类型的机械或生产过程。PLC 及其有关的外围设备都应该按易于与工业控制系统形成一个整体,易于扩展其功能的原则而设计。其体积一般比较大。

图 8.30　单板机实物图

图 8.31　PLC 实物图

数字信号处理器(DSP):DSP(digital signal processor)是一种独特的微处理器,是以数字信号来处理大量信息的器件,见图 8.32。其工作原理是接收模拟信号,转换为 0 或 1 的数字信号,再对数字信号进行修改、删除、强化,并在其他系统芯片中把数字数据解译回模拟数据或实际环境格式。它不仅具有可编程性,而且实时运行速度可达每秒数以千万条复杂指令程序,远远超过通用微处理器,是数字化电子世界中日益重要的计算机芯片。它的强大数据处理能力和极高的运行速度,是最值得称道的两大特色。

图 8.32　DSP 实物图

② 控制系统软件。

构成计算机的电子电路及其周围机器等物理性的实体和箱体称为系统的硬件,而把没有实体的程序或命令等称为系统的软件。按某种规则使计算机运行的命令语句的集合被称为程序,编写程序被称为程序设计;把程序的集合称为程序语言。这些语言总称为软件。

狭义上讲,软件与计算机程序基本同义。计算机程序是以计算机可以识别、让其运行的程序、命令的形式描述。从广义上来看,软件还包括除计算机处理程序以外的数据。

根据软件的作用,可将其分为操作系统和应用软件两类。操作系统是管理计算机整体系统的软件,它为计算机本身及其外围的设备提供输入/输出和管理功能。软件开发者利用操作系统提供的功能,可节省开发时间,统一应用软件的操作性。一些面向操作系统开发的软件,由于可以兼容不同规格的硬件,因此基本上在同一操作系统环境下的任何计算机上都可以运行。在企业和家庭通常利用的操作系统中,微软公司的 Windows 应用较为广泛。应用软件(如文字处理软件、电子表格软件等)是以文件的制作、数值的计算等为目的而设计的,因此被称为应用软件。它基本上在操作系统环境下安装后即可以运行。应用软件除了文字处理软件、电子表格软件外,还包括图像编辑软件、数据库管理软件、游戏软件、Web 浏览器、电子邮件软件等。

编程语言包括直接驱动机器(计算机)的机器语言和相对容易理解的 C、Visual C++、FORTRAN、Java 语言等高级语言。

机器语言:机器语言并不是软件工程师的专用语言。这里的机器是指计算机,特别是 CPU。我们把 CPU 能处理的语言称为机器语言,它是由"0"和"1"组成的二进制数。例如,如果把"停止"这一命令转换为机器语言,就得到了 8 位二进制数。这个由"0"和"1"组成的 8 位二进制数通过 CPU 在瞬间被处理后,计算机就处于"停止"状态。

这里的位是指微型计算机和个人计算机所处理的软件的最小单位。微型计算机处理的信号是数字信号,这些数字信号为二进制数。在正逻辑电路中,微型计算机的信号由 +5V 的逻辑值"1"和 0V 的逻辑值"0"组成。通过该信号可以控制微型计算机。这个脉冲波形的 +5V 和 0V 与上述的二进制数位相对应。即当 +5V 时,"1"进入二进制数中,当 0V 时,"0"进入二进制数中。如果是单板计算机,就会把 8 位二进制数作为一个单位一次进行处理。即由"0"和"1"组成的二进制数信号会产生数字脉冲序列,把 8 位二进制数当做一个集合体会很容易处理,所以我们把 8 位称为 1 个字节。

二进制编码非常适合于微型计算机,但是对人类而言,8 位二进制数却非常不方便,甚至不明白该信号的意义。这样,能够翻译计算机语言和我们人类语言的程序,即汇编语言就出现了。汇编语言用英语单词的缩写符号来表示,通过汇编语言,我们可以联想到机器语言的命令和地址。特别是我们将这些英语单词的缩写符号称为助记符。因为汇编语言的助记符与机器语言是一一对应的,所以有利于理解微型计算机的每一个动作。

高级语言:由于汇编语言依赖于硬件体系,且助记符量大难记,于是人们又发明了更加易用的所谓高级语言。在这种语言下,其语法和结构更类似普通英文,且由于远离对硬件的直接操作,使得一般人经过学习之后都可以编程。高级语言通常按其基本类型、代系、实现方式、应用范围等分类。

高级语言是目前绝大多数编程者的选择,和汇编语言相比,它不但将许多相关的机器指令合成为单条指令,并且去掉了与具体操作有关但与完成工作无关的细节,例如使用堆栈、寄存器等,这样就大大简化了程序中的指令。同时,由于省略了很多细节,编程者也就不需要有太多的专业知识。

高级语言主要是相对于汇编语言而言,它并不是特指某一种具体的语言,而是包括了很多编程语言,如目前流行的 Visual C++、FoxPro、Delphi 等,这些语言的语法、命令格式都各不相同。高级语言所编制的程序不能直接被计算机识别,必须经过转换才能被执行,按转换方式可将它们分为两类。解释类执行方式类似于我们日常生活中的同声翻译,应用程序源代码一边由相应语言的解释器翻译成目标代码(机器语言),一边执行,因此效率比较低,而且不能生成可独立执行的可执行文件,应用程序不能脱离其解释器,但这种方式比较灵活,可以动态地调整、修改应用程序;编译类编译是指在应用源程序执行之前,就将程序源代码翻译成目标代码(机器语言),因此其目标程序可以脱离其语言环境独立执行,使用比较方便、效率较高。但应用程序一旦需要修改,必须先修改源代码,再重新编译生成新的目标文件(＊.obj)才能执行,只有目标文件而没有源代码,修改很不方便。现在大多数的编程语言都是编译型的,例如 Visual C++、Visual FoxPro、Delphi 等。

**2. 机器人的感觉**

机器人的感觉具体来讲是通过各种传感器实现的。传感器能够用来检测各种各样的物理量的变化(温度、湿度、速度、加速度、位移、压力等)。

(1) 触觉传感器

触觉是接触、冲击、压迫等机械刺激感觉的综合,触觉可以用来进行机器人抓取,利用触觉可进一步感知物体的形状、软硬等物理性质。对机器人触觉的研究,只能集中于扩展机器人能力所必需的触觉功能,一般把检测感知和外部直接接触而产生的接触觉、压力、触觉及接近觉的传感器称为机器人触觉传感器。

接触觉:接触觉是通过与对象物体彼此接触而产生的,所以最好使用手指表面高密度分布触觉传感器阵列,它柔软易于变形,可增大接触面积,并且有一定的强度,便于抓握。接触觉传感器可检测机器人是否接触目标或环境,用于寻找物体或感知碰撞。

接近觉:接近觉是一种粗略的距离感觉,接近觉传感器的主要作用是在接触对象之前获得必要的信息,用来探测在一定距离范围内是否有物体接近、物体的接近距离和对象的表面形状及倾斜等状态,一般用"1"和"0"两种状态表示。在机器人中,主要用于对物体的抓取和躲避。接近觉一般用非接触式测量元件,如霍尔效应传感器、电磁式接近开关和光学接近传感器。

(2) 滑觉传感器

机器人在抓取不知属性的物体时,其自身应能确定最佳握紧力的给定值。当握紧力不够时,要检测被握紧物体的滑动,利用该检测信号,在不损害物体的前提下,考虑最可靠的夹持方法,实现此功能的传感器称为滑觉传感器。滑觉传感器有滚动式和球式,还有一种通过振动检测滑觉的传感器。物体在传感器表面上滑动时,和滚轮或环相接触,把滑动变成转动。

(3) 力觉传感器

力觉是指对机器人的指、肢和关节等运动中所受力的感知,主要包括腕力觉、关节力觉和支座力觉等,根据被测对象的负载,可以把力觉传感器分为测力传感器(单轴力传感器)、力矩表(单轴力矩传感器)、手指传感器(检测机器人手指作用力的超小型单轴力传感器)和六轴力觉传感器。力觉传感器根据力的检测方式不同,可以分为:①检测应变或应力的应变片式;②利用压电效应的压电元件式;③用位移计测量负载产生的位移的差动变压器、电容位移计式,其中应变片被机器人广泛采用。

(4) 距离传感器

距离传感器可用于机器人导航和回避障碍物,也可用于机器人空间内的物体进行定位及确定其一般形状特征。目前最常用超声波测距法。超声波是频率 $20\text{kHz}$ 以上的机械振动波,利用发射脉冲和接收脉冲的时间间隔推算出距离。超声波测距法的缺点是波束较宽,其分辨力受到严重的限制,因此,主要用于导航和回避障碍物,如图 8.33 所示为超声波传感器。

(5) 视觉传感器

视觉传感器是指通过对摄像机拍摄到的图像进行图像处理,来计算对象物的特征量(面积、重心、长度、位置等),并输出数据和判断结果的传感器,见图 8.34。

图 8.33　超声波传感器　　　　　图 8.34　视觉传感器

视觉传感器可以对各种类型的场景,以及场景中的物体做测量、检测、定位和识别等,见图 8.35。适用于生产过程的各个环节,如原料、加工、组装、测试、包装、仓储、使用等环节。

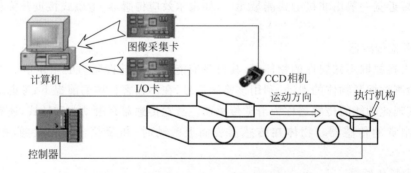

图 8.35　视觉传感器用于检测系统示意图

### 3. 机器人的运动

移动是机器人的另一个重要特点。依据环境的不同,机器人有多种多样的运动方式。

(1) 轮式移动机器人

轮式机器人具有结构简单、控制方便、速度高、运动灵活和能耗低等优点,所以在平整地面上行走时,轮子是最合适的选择,其中二轮、四轮和六轮机器人应用较为广泛,见图 8.36。

图 8.36　轮式机器人

（2）履带式移动机器人

履带式移动机器人具有地形适应能力强的优点。支撑面积大,接地比压小,适合于松软或泥泞场地作业,下陷度小,滚动阻力小,越野机动性能好;转向半径极小,可以实现原地转向;履带支撑面上有履齿,不易打滑,牵引附着性能好,有利于发挥较大的牵引力,见图 8.37。

（3）腿式移动机器人

腿式移动机器人具有崎岖地形适应性好的特点。腿式机器人的运动轨迹是一系列离散的足印,轮式和履带式机器人的则是一条条连续的辙迹。崎岖地形中往往含有岩石、泥土、沙子甚至峭壁和陡坡等障碍物,可以稳定支撑机器人的连续路径十分有限,这意味着轮式和履带式机器人在这种地形中已经不适用。而腿式机器人运动时只需要离散的点接触地面,对这种地形的适应性较强,正因为如此,腿式机器人对环境的破坏程度也较小。腿式机器人的腿部具有多个自由度,使运动的灵活性大大增强,见图 8.38。

图 8.37　履带式机器人　　　　　　　　图 8.38　腿式机器人

（4）混合式移动机器人

混合式移动机构包括轮-履式、轮-腿式、关节-履带式、关节-轮式、轮-腿-履式等。现已广泛应用于复杂地形领域。此类机器人具有两种以上移动机构的优点,所以具有较强的爬坡、过沟、越障和上下楼梯能力以及运动稳定性,见图 8.39。

图 8.39　混合式移动机器人

# 8.4　微机电系统

## 8.4.1　微机电系统的发展与构成

微机电系统(micro-electro-mechanical systems, MEMS)是通过微制造技术将机械单元、传感器、执行器件和电子元件整合到一片微基板上的系统装置。这种新兴的机电系统为传统机械科学的发展指明了一个重要的前进方向。

微机电系统的概念起源于1959年美国物理学家、诺贝尔奖获得者Richard P. Feynman提出的微型机械的设想,其后1962年出现了第一个硅微压力传感器。美国在1987年举行的IEEE Micro-robots and Tele-operators研讨会的主题报告中首次提出了微机电系统一词,标志微机电系统研究的开始。美国在该领域标志性的研究成就,是1988年加州大学伯克利分校用硅片刻蚀工艺开发出静电直线微电机和旋转微电机,该电机直径仅为60～120$\mu$m,引起世界极大轰动,它表明了应用硅微加工技术制造微小可动结构的可行性,并与集成电路兼容制造微小系统的优势,对微机电系统研究产生很大的鼓舞,如图8.40所示为集成在硅片上的微机器。1989年,NSF(National Science Foundation)在研讨会的总结报告中提出了微电子技术应用于电子、机械系统。自此,MEMS成为一个新的学术用语。

图8.40　集成在硅片上一粒花粉大小的机器

美国的研究是在半导体集成电路工艺技术基础上扩展而来的,称之为MEMS。在欧洲,1989年在荷兰特文蒂以micro-mechanics的名称首次召开有关微系统的研讨会。1990年,在柏林召开的研讨会改称为MST(micro system technology)。此后,多沿用此名称。欧洲在该领域的重要贡献是开发出扫描隧道显微镜和原子力显微镜以及LIGA工艺。欧洲的研究从系统的角度,突出强调了系统的观点,即将多个微型传感器、执行器、信号处理和控制电路等部件集成为智能化的微型电子机械系统,称之为micro-systems。日本利用传统的精密机械加工的优势,利用大机器制造小机器,再利用小机器制造微机器,故称之为micro-machine。

由于高强度的资金支持,日本在一些MEMS研究方面处于国际领先地位。如奥林帕斯公司研制的直径近1mm、长度数厘米的柔性机器人,它将形状记忆合金SMA、传感器及控制电路全部集成到机器人体内,其末端能吊起 1g 的重块并自由运动。

MEMS 是指将微结构的传感技术、致动技术和微电子控制技术集成于一体,形成同时具有传感-计算(控制)-执行功能的智能微型装置或系统。

图 8.41 给出了典型的 MEMS 系统与外部世界相互作用的示意图。箭头表示信号流,作为输入信号的自然界各种信息首先通过传感器转换成电信号,经过信号处理以后(模拟/数字) 再通过微执行器对外部世界发生作用。传感器可以把能量从一种形式转化为另一种形式,从而将现实世界的信号(如热、运动等信号)转化为系统可以处理的信号(如电信号)。执行器根据信号处理电路发出的指令完成人们所需要的操作。信号处理器则可以对信号进行转换、放大和计算等处理。

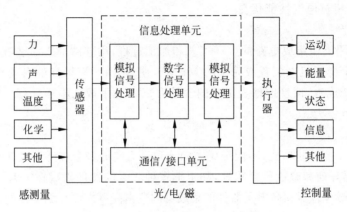

图 8.41　微机电系统模型

MEMS 技术的目标是通过系统的微型化、集成化来探索具有新原理、新功能的元件和系统。MEMS 技术开辟了一个全新的领域和产业。它们不仅可以降低机电系统的成本,而且还可以完成许多大尺寸机电系统无法完成的任务。例如尖端直径为 $5\mu m$ 的微型镊子可以夹起一个红细胞,3mm 大小的能够开动的小汽车,可以在磁场中飞行的像蝴蝶大小的飞机等,见图 8.42。

图 8.42　微型飞行机器人

### 8.4.2　微机电系统的特点

**1. 微型化**

MEMS 器件体积小、质量轻、耗能低、惯性小、谐振频率高、响应时间短。MEMS 与一般的机械系统相比,不仅体积缩小,而且在力学原理和运动学原理、材料特性、加工、测量和控制等方面都将发生变化。在 MEMS 中,所有的几何变形是如此之小(分子级),以至于结构内应力与应变之间的线性关系(胡克定律)已不存在。MEMS 器件中摩擦表面的摩擦力主要是由于表面之间的分子相互作用力引起的,而不是由于载荷压力引起。MEMS 器件以硅为主要材料,硅的强度、硬度和杨氏模量与铁相当,密度类似铝,热传导率接近铜和钨,因此 MEMS 器件机械电气性能优良。

**2. 批量生产**

MEMS 采用类似集成电路的生产工艺和加工过程,用硅微加工工艺在一硅片上可同时制造成百上千个微型机电装置或完整的 MEMS,使 MEMS 有极高的自动化程度,批量生产可大大降低生产成本,而且地球表层硅的含量为 2%,几乎取之不尽,因此,MEMS 产品在经济性方面更具竞争力。

**3. 集成化**

MEMS 可以把不同功能、不同敏感方向或致动方向的多个传感器或执行器集成于一体,或形成微传感器阵列和微执行器阵列,甚至把多种功能的器件集成在一起,形成复杂的微系统。微传感器、微执行器和微电子器件的集成可制造出高可靠性和稳定性的微型机电系统。

**4. 方便扩展**

由于 MEMS 技术采用模块设计,因此设备运营商在增加系统容量时只需要直接增加器件/系统数量,而不需要预先计算所需要的器件/系统数,这对于运营商是非常方便的。

**5. 多学科交叉**

MEMS 涉及电子、机械、材料、制造、信息与自动控制、物理、化学和生物等多种学科,并集中了当今科学技术发展的许多尖端成果。通过微型化、集成化可以探索新的原理、新功能的元件和系统,将开辟一个新技术领域。

### 8.4.3　微机电系统的关键技术

微机电系统的重要意义不仅在于能缩小体积、减轻成本,作为一门交叉学科,它的研究和开发更是为了在微观领域探索新原理、开发新功能、制造新器件。它已涵盖了从基础理论、建模设计、材料、加工工艺到传感控制、封装集成等各个技术领域。近年来在这些领域都取得了不同程度的突破。

**1. MEMS 基础理论和设计**

MEMS 器件在设计、加工、制作中遇到的非经典物理问题是其基础理论研究的重点。当器件的结构尺寸缩小到微米量级时,许多在宏观情况下可以忽略的物理现象都要重新予以考虑,如微摩擦、微阻尼、微吸附力、微静电等,不仅不能忽略而且还将成为主要的因素,因此需要从微能量传输的角度予以研究。MEMS 设计主要包括微结构及微系统建模设计及与集成电路的混合设计等。目前 MEMS 通常的设计方法包括结构化设计、自顶向下设计、层次化设计等;微器件建模是通过 CAD/ CAM 计算机辅助设计工具进行模拟仿真,如器件级模拟、电路级模拟、系统级模拟；建立标准的 MEMS 器件仿真库，可以增强 MEMS 设计的可重用性和效率。

### 2. MEMS 加工技术

目前，常用的制作 MEMS 器件的技术主要有三种。第一种是以日本为代表的利用传统机械加工手段，即利用大机器制造小机器，再利用小机器制造微机器的方法，这种方法可以用于加工一些在特殊场合应用的微机械装置，如微型机器人、微型手术台等。第二种是以美国为代表的利用化学腐蚀或集成电路工艺技术对硅材料进行加工，形成硅基 MEMS 器件。由于这种方法与传统 IC 工艺兼容，可以实现微机械和微电子的系统集成，并适合于批量生产，已经成为目前 MEMS 的主流技术。第三种是以德国为代表的 LIGA（LIGA 是德文光刻、电铸和塑铸三个词的缩写）技术，它是利用 X 射线光刻技术，通过电铸成形和铸塑形成深层微结构的方法。由于利用 LIGA 技术可以加工各种金属、塑料和陶瓷等材料，可以得到高深宽比的精细结构，其加工深度可以达到几百微米，因此 LIGA 技术也是一种比较重要的 MEMS 加工技术。利用 LIGA 技术已经开发和制造出了微齿轮、微马达、微加速度计、微射流计等。

### 3. MEMS 传感器技术

经过 MEMS 加工工艺制造出来的微构件、微器件可以组合成微传感器和微执行器。微传感技术直接影响信息的获取、精度、量程、稳定性等指标，MEMS 进行信息处理取决于传感信息的质量。根据测量性质，微传感器可分为机械、声、光、电、磁、热、化学、生物等传感器，发展趋势呈智能化、多功能、集成化趋势。

### 4. MEMS 执行器技术

微机构和微执行机构是微机电系统研究的重要内容之一。微执行机构是微机电系统中实现微操作的关键驱动部件，它根据系统的控制信号来完成各种微机械运动，如用微型泵抽取液体，微型机械手移动手术刀等。微执行器按照其工作原理主要可分为五类：电学执行器、磁学执行器、流体执行器、热执行器和化学执行器等。微型机构常常是用硅微加工得到的，微机构常用来作为传动或驱动件。常见的微型机构有微型连杆机构、微型齿轮机构、微型平行四边形机构、微型梳状机构等。微机构和微执行器的运动与宏观机械运动有很多的不同。当微机械系统的尺寸小到微米级以下时，许多在宏观机械系统中物理现象将发生显著的变化，这称为微机电系统的尺度效应。因此，设计微机构和微执行机构必须研究微观领域中的许多基础理论知识，如微观动力学知识、微液压系统的知识。

### 5. MEMS 装配技术

微机电系统元件的装配必须定位非常精确，如果全部用人工装配，将消耗大量的资金和时间。因此在设计微机电系统时，必须先考虑其装配问题。目前微机电系统的装配常用各种不同的技术达到自动校准和自动装配，如利用表面张力把两个微型板吸在一起形成所需的微机构。随着制造工艺的发展，微系统的装配引起了越来越多的关注和研究。如日本政府近年来正在投资一项微机械研究项目，发展桌面顶端微机械工厂。

### 6. MEMS 封装技术

封装技术是 MEMS 产品中最关键的技术之一。与集成电路一样，MEMS 需要环境防护、电信号引出端、机械支撑和热量通路。但 MEMS 封装更复杂，还有许多与集成电路不同，有时需要与周围环境隔离，有时则需要与环境接触，以便对指定的理化参数施加影响或测量；有的 MEMS 封装要求在特殊的环境下进行，如加速度计；有一些封装则需要在真空条件下进行,避免振动结构的空气阻尼或热传导作用。现在人们已经认识到 MEMS 封装的重要性,MEMS 封装比集成电路复杂得多,而且 MEMS 封装需要随产品要求而定,封装和测试费用占 MEMS 产品成本的 70％以上。目前有多种形式的 MEMS 封装可满足 MEMS 商品化的需求。随着人们对 MEMS 封装的日益重视,新型的封装技术不断出现,其中较有代表性的是采用倒装焊技术的 MEMS 封装上下球栅阵列封装技术和多芯片模块封装技术。

### 8.4.4　微机电系统的应用

微电子机械系统的特征是超小型化,尺寸可以做到微米和亚微米。其最大特点是制作工艺与集成电路相同,能批量生产。主要材料是单晶硅、多晶硅和氮化硅等。微机电系统研制已取得很多成果。多种尺寸为毫米到微米量级的微机械零部件,如微梁、微探针、微齿轮、微凸轮、微弹簧、微沟道、微喷嘴、微锥体、微轴承、微阀门和微连杆等都已研制出来,因而有可能装配出种种微机械,包括微传感器(如压力传感器、生物传感器、化学传感器)、温度、磁场、光强等传感器和流量计、加速度计等很多已实用化。目前,这些已经成熟的微机电产品已经在各领域得到了实际应用。

**1. 航空航天**

在飞机和载人航天器上应用的各种传感器数量很大,若采用微型集成传感器,体积、质量、耗电功率将减少很多。对航天器来说,仪表系统的体积质量大大减少后,运载效益将非常可观。MEMS 技术首先将促进航天器内传感器的微型化,使之节能、降低成本和大幅度提高系统可靠性。如在运载火箭和导弹上采用微型温度传感器、压力计等。由于这些传感器体积和能耗很小,可大量分布,使系统进行更精确的控制,在欧洲阿里安娜火箭上已采用。而微机电惯性仪表将推动惯性导航技术一场新的革命。微机电惯性仪表体积为立方毫米级,质量为数克,能耗一般小于 2W,过载大,一般为 103g 以上,启动时间约 1s,成本低,批量生产时可控制在 10 美元以内,工作寿命长达 105h,易于实现数字化和智能化,可进行微惯性系统集成(陀螺、加速度计、控制线路和计算机部件等全集成,体积可控制在 20mm×20mm×5mm 量级,质量仅 5g)。现有战术导弹用的捷联惯性系统体积为 400mm×250mm×200mm,质量为 15kg,且成本能耗大,寿命不超过 100h。无法装备微型飞机、微卫星。目前用于小卫星的光纤陀螺惯性测量系统体积、质量大且寿命短,采用 MEMS 技术后可减轻质量 10kg,大大提高可靠性,极大降低发射成本。此外,微卫星上可采用冗余式惯性测量,装置多套 MEMS 设备,提高其可靠性。

嵌入机翼和发动机叶片表面、飞机结构件中的 MEMS 可随时检测气体压力、流速、应力、温度和湿度等参数的变化,监测飞机、发动机以及关键结构件的技术状态并进行故障诊断,便于进行"状态中"的维修,最终可取消目前规定的预防性维修周期。遍布在机翼表面的 MEMS 能起到神经网络的作用,可连续监测机翼表面的气流变化,并在微机控制下使机翼微变形,从而令气流发生从层流到紊流的转变。另外,采用 MEMS 的军用设备还可连续监测敌方雷达的频率变化。美国霍尼韦尔公司也已采用 MEMS 监测飞机部件结构的完整性和寿命。

**2. 微型动力系统**

微型动力系统以电、热、动能和机械能的输出为目的,以毫米到厘米级尺寸产生 10W 量级的功率。麻省理工学院(MIT)已制作出微型涡轮发动机,它主要包括一个空气压缩机、涡轮机、燃烧室、燃料控制系统(包括泵、阀、传感器等),以及电动机/发电机,已在硅片上制作出涡轮机模型。MIT 正在研究一种微型双组火箭发动机,整个发动机约长 15mm、宽 12mm、厚 25mm,预计能产生 15N 的推力,推力重量比是目前大型火箭的 10～1100 倍。

### 3. 微型执行器

微型执行器主要有微电机、微开关、微谐振器、微阀门和微泵等。微型执行器的驱动方式主要有静电驱动、压电驱动、电磁驱动、形状记忆合金驱动、热双金属驱动、热气驱动等。微型电机是一种典型的微型执行器。在 MEMS 2000 年会上,瑞士报道了一种用于手表的微型机械加工压电弹力电机,力矩高达 $1\mu N \cdot m$,而功耗仅为 $10\mu W$,这种新型设计使模片振动的第一种模式得到应用,从而提高了振动的机械幅度。

### 4. 医药卫生

应用于生物医学领域的微机电系统通常称为生物微机电系统。传统上把在数平方厘米大小的硅片等材料上加工出的应用于生化分析的生物微机电系统称为生物芯片。以生物芯片为核心的微全分析系统是微机电系统当前研究的热点之一。将单个的生物分子电机和纳米尺度的无机系统集成起来的新技术有望在血管清理中发挥作用。由于 DNA、蛋白质等生物大分子链的长度为微米量级,直径为纳米量级,生物细胞的典型尺寸为几十微米,都在 MEMS 的作用范围内,因而可以借助微加工技术和微电子技术制作出微型化的、集成化的生物大分子分析平台或细胞操作平台,形成生物芯片。由于具有效率高、成本低的优点,所以生物芯片的研究和开发将对生物和医学基础研究、疾病诊断与治疗、农业育种、新药开发、环境监测、司法鉴定等产生重大影响。

### 5. 国防军事

灵巧表面或灵巧蒙皮。将 MEMS 嵌入材料内部可制成具有程序控制乃至动态可调特性的灵巧表面或灵巧蒙皮,将这种蒙皮用于飞机、坦克、装甲车或潜艇上可产生全新的战场武器。

分布式战场传感器网络。战时可在重要地域散布大量 MEMS,它们具有探测、处理、存储、通信和定向的功能,并且不易被敌发现,可连续监视重要目标的动向并将信息反馈给指挥部,将解决现代战争中探测大量重要目标的难题。

有害化学战剂报警传感器。目前在化学战环境中使用的传感器既笨重又昂贵,是用分立元件制造的。利用 MEMS 可制成含有计算机芯片的只有纽扣大小的传感器,它使昂贵的药剂用量减到最小,并可探测多种毒剂。

虽然微机电系统问世只有短短数十年,但是其发展速度之快,影响范围之广,是工业领域中非常少见的。国内微机电系统研究已经历了多年的发展,虽然也有一些成就,研制出了一些器件和设备,但整体仍处于基础性阶段,与实用化还有很长的距离。而且尚未具备大批量生产的能力。因此,应该根据微机电系统发展的特点,从工艺研究入手,对一些有一定研究基础、应用面广、市场前景好的产品,进行重点攻关,以掌握成熟的制造工艺,为产业化推进铺平道路。

## 思 考 题

8.1 什么是机电一体化?

8.2 机电一体化的发展经历了哪几个阶段?各个阶段有何特点?

8.3　机电一体化系统主要由哪几部分组成？各部分的功能是什么？

8.4　举例分析机电一体化系统的组成及功能特点。

8.5　机电一体化的共性关键技术有哪些？

8.6　试分析机电一体化系统设计的一般流程。

8.7　机器人由哪几部分组成？各部分什么功能？

8.8　MEMS 的特点是什么？

8.9　MEMS 的关键技术都有哪些？

# 拓 展 资 料

## 美军机器狗：现实版"木牛流马"

在中国的传说里，三国时期的大贤诸葛亮曾发明"木牛流马"，用其在崎岖的栈道上运送军粮，且"人不大劳，牛不饮食"。遗憾的是，这种模仿动物形体，也就是最基础的仿生学原理制造的，具有跨时代意义的军事运输工具并没有流传下来。但在今天，美国军方利用仿生学原理，已重现了这一幕：这种名叫"大狗"的机器狗就是现实版的"木牛流马"，可以负重穿越山麓、河流，成为特种部队奇袭战的后勤保姆，见图 8.43。也有预测指出，作为目前最成熟化的机器人技术，"大狗"的未来发展前景很有可能就是《星球大战》中四足机器战斗兽的原型，从而开创陆战领域新的传奇。

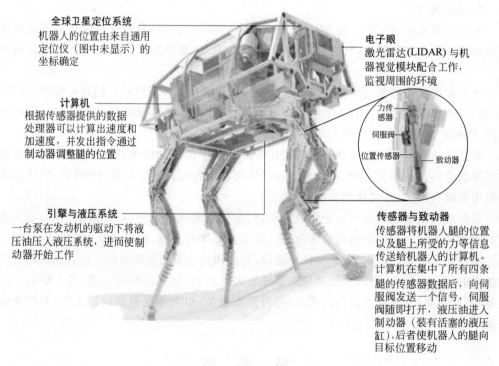

图 8.43　美国机器人"大狗"

## 1."大狗"引发网络风暴

据英国《每日电讯报》报道，美军未来将在阿富汗等特殊战场地形用来运输装备的机器狗"大狗"近来成为"网络红人",有关"大狗"的视频在网络上播出后,吸引了数以百万计的网民观看。

据美国《大众科学》报道,鉴于美军士兵在伊拉克执行任务时负重太多,美陆军"坦克及机动车辆司令部"向波士顿动力学工程公司先期投资近 300 万美元,请其来研制一种能在战场上帮助士兵驮东西的机器狗。"大狗"的身材原型酷似于丹麦名犬——大丹犬,每小时可以跑 5.3km 以上的路程,可以爬 45°角的斜坡,在不适于轮式或履带式车辆前进的地形上,它可以负重 120lb(1lb=0.454kg)急行军。但目前的"原型狗"只是一条"幼犬",波士顿动力公司计划推出的第二代"大狗"的行军速度和负重至少增加一倍。

"大狗"的原理是,由汽油机驱动的液压系统能够带动其有关节的四肢运动。陀螺仪和其他传感器帮助机载计算机规划每一步的运动。机器人依靠感觉来保持身体的平衡,如果有一条腿比预期更早地碰到了地面,计算机就会认为它可能踩到了岩石或是山坡,然后"大狗"就会相应地调节自己的步伐。

"大狗"的身体是一种钢架结构,里面装有一个圆筒形汽油发动机,为"大狗"的水压系统、计算机和惯性测算单元(IMU)提供动力。惯性测算单元是"大狗"的重要组成部分,它使用光纤激光陀螺仪和一组加速器跟踪机器狗的运动和位置。这些装置与四条腿一起发挥作用,就可以使"大狗"迈出准确的步伐。

"大狗"的腿由铝制成,每条腿上有三个关节,利用水压刺激器,计算机每秒可以重新将关节配置 500 次。关节上装有传感器,负责测量力量和位置,计算机参照这些数据,结合从惯性测算单元获得的信息,确定四条腿应该是抬起还是放下,向右走还是向左走。通过调整关节的水压液体的流动,计算机可以将每一只爪子准确地放下。

**2. 未来面向人工智能**

这种机器狗还有视力:它的头部装有一个立体摄像头和一部激光扫描仪。第一代"大狗"并不能依照这两种仪器前进,但第二代将利用它们识别前方的地形,发现障碍物。现在的"大狗"需要遥控,但未来版的"大狗"将获得自由身,不需要人来指导,就可以自行作出决定。专家预测,在未来 8 年内,更加强大的人工智能(AI)将使更强的"大狗"随时可以在战场上驰骋。

由于速度较慢,"大狗"目前还无法投入实战,设计人员目前正在研发移动速度相当于中程距离赛跑者的"大狗",设计师们表示,将在未来改良型"大狗 V3"的每条腿上多安装 1 个动力关节,因此,V3 将能以更快的速度攀越更陡的斜坡以及地势更险峻的路段,能让美军有如拥有一头能在旷野中四处奔跑,又能背超过 90kg 补给的大型机器狗或机械骡。

美军高层希望特种部队在阿富汗山区进行缉捕反美武装或"基地"组织恐怖分子等任务时,未来能大量使用机器狗。

"大狗"机器人并非美国首度以动物为灵感打造战场机器人,20 世纪 60—70 年代越战时期由于美军士兵难以适应热带地区,国防先进研究计划局就曾构思打造机器大象,结果该计划最终失败,后来并未参与任何军事任务。

# 参 考 文 献

[1]  崔玉洁,石璞,化建宁.机械工程导论[M].北京:清华大学出版社,2013.

[2]  JONATHAN WICKERT. An Introduction to Mechanical Engineering(影印版)[M].西安:西安交通大学出版社,2003.

[3]  郭绍义.机械工程概论[M].武汉:华中科技大学出版社,2009.

[4]  张宪民,陈忠.机械工程概论[M].武汉:华中科技大学出版社,2011.

[5]  邹慧君,高峰.现代机构学进展[M].北京:高等教育出版社,2007.

[6]  黄宝强.走进科学与技术[M].上海:复旦大学出版社,2004.

[7]  王中发,殷耀华.机械[M].北京:新时代出版社,2002.

[8]  吴明表.工程技术方法[M].北京:机械工业出版社,1989.

[9]  黎明,雷源忠.机械工程学科"十五"优先领域构想[J].机械工程学报,2001,37(6):1-4.

[10]  温诗铸.机械工程学科发展与科技文献建设[J].科技日报,2005(8):1-2.

[11]  刘静香,陈新亚.理论力学教学与机械工程实际相联系浅析[J].河南机电高等专科学校学报,2002,10(2):82-85.

[12]  李杞仪,李虹.机械工程基础[M].北京:中国轻工业出版社,2010.

[13]  陈永久.机械基础[M].长沙:国防科技大学出版社,2006.

[14]  范钦珊.理论力学[M].北京:高等教育出版社,2000.

[15]  范钦珊.材料力学[M].北京:科学出版社,2008.

[16]  张策.机械动力学[M].2版.北京:高等教育出版社,2008.

[17]  王惠民.流体力学基础[M].北京:清华大学出版社,2005.

[18]  龙天渝.计算流体力学[M].重庆:重庆大学出版社,2007.

[19]  陈慧玲.摩擦在机械应用中的实例分析[J].科技创新导报,2010(32):51.

[20]  孙开元,等.常见机构设计及应用图例[M].北京:化学工业出版社,2013.

[21]  薛明德.力学与工程技术的进步[M].北京:高等教育出版社,2006.

[22]  柳忠彬,等.基于反求工程的搅拌器设计[J].机械,2007,34(6):42-44,47.

[23]  闵剑青,徐梓斌.基于SimMechanics的平面四杆机构运动分析与仿真[J].轻工机械,2004(1):63-65.

[24]  崔玉洁,等.基于ADAMS的果品采摘机械手运动学仿真分析[J].农机化研究,2008(4):59-61.

[25]  赵世元.自锁型重物提升机构在生产中的应用[J].航空精密制造技术,2013(4):60-62.

[26]  沈惠平,等.仿生机器人研究进展及仿生机构研究[J].常州大学学报(自然科学版),2015(1):1-10.

[27]  蔡高参,周校民,王忠.基于双曲柄滑块机构的缆线爬行机器人机构本体设计[J].机械设计,2010(11):24-27.

[28]  吕仲文.机械创新设计[M].北京:机械工业出版社,2004.

[29]  梅顺齐,何雪明.现代设计方法[M].武汉:华中科技大学出版社,2009.

[30]  吕宏,王慧.机械设计[M].北京:北京大学出版社,2009.

[31]  张立勋,董玉红.机电系统仿真与设计[M].哈尔滨:哈尔滨工程大学出版社,2006.

[32]  杨叔子,等.机械创新设计大赛很重要[J].高等工程教育研究,2007(2):1-5.

[33]  杨叔子,等.再论机械创新设计大赛很重要[J].高等工程教育研究,2009(5):5-10.

[34]  杨叔子,等.三论机械创新设计大赛很重要[J].高等工程教育研究,2011(3):4-9.

[35]  王树才,等.大学生机械创新设计大赛与创新人才的培养[J].高等农业教育,2007(10):63-65.

[36] 王晶. 第三届全国大学生机械创新设计大赛决赛作品选集[M]. 北京：高等教育出版社, 2010.

[37] 倪礼忠. 复合材料科学与工程[M]. 北京：科学出版社, 2002.

[38] 王爱珍. 工程材料及成形技术[M]. 北京：机械工业出版社, 2001.

[39] 金国珍. 工程塑料[M]. 北京：化工出版社, 2001.

[40] 崔占全. 工程材料[M]. 北京：机械工业出版社, 2003.

[41] 孙康宁, 尹衍升. 金属间化合物/陶瓷基复合材料[M]. 北京：机械工业出版社, 2003.

[42] 刘天模, 徐幸梓. 工程材料[M]. 北京：机械工业出版社, 2001.

[43] 王焕庭. 机械工程材料[M]. 大连：大连理工大学出版社, 1995.

[44] 史美堂. 金属材料及热处理[M]. 上海：上海科学技术出版社, 1991.

[45] 郑明新. 工程材料[M]. 北京：清华大学出版社, 1991.

[46] 张文灼. 机械工程材料[M]. 北京：北京理工大学出版社, 2011.

[47] 郑子樵, 潘峰. 新材料概论[M]. 长沙：中南大学出版社, 2009.

[48] 胡静. 新材料[M]. 南京：东南大学出版社, 2011.

[49] 耿保友. 新材料科技导论[M]. 杭州：浙江大学出版社, 2008.

[50] 大卫. E. 牛顿, 吴娜. 化学先锋：新材料化学[M]. 上海：上海科学技术文献出版社, 2011.

[51] 童忠良. 新型功能复合材料制备新技术[M]. 北京：化学工业出版社, 2010.

[52] 刘雄亚. 复合材料新进展[M]. 北京：化学工业出版社, 2007.

[53] 赵建华. 材料科技与人类文明[M]. 武汉：华中科技大学出版社, 2011.

[54] 郭春丽. 陶瓷材料在机械工程中的应用[J]. 陶瓷, 2005(12)：45-47.

[55] 孙大涌. 先进制造技术[M]. 北京：机械工业出版社, 2002.

[56] 张世昌. 先进制造技术[M]. 天津：天津大学出版社, 2004.

[57] 楼锡银. 机电产品绿色设计技术与评价[M]. 杭州：浙江大学出版社, 2010.

[58] 刘飞, 等. 绿色制造的理论与技术[M]. 北京：科学出版社, 2005.

[59] 李佳. 计算机辅助设计与制造[M]. 天津：天津大学出版社, 2003.

[60] 袁哲俊, 王先逵. 精密和超精密加工技术[M]. 北京：机械工业出版社, 1999.

[61] 艾兴. 高速切削加工技术[M]. 北京：国防工业出版社, 2003.

[62] 张伯霖. 高速切削技术及应用[M]. 北京：机械工业出版社, 2002.

[63] 王先逵. 精密加工和纳米加工、高速切削、难加工材料的切削加工[M]. 北京：机械工业出版社, 2008.

[64] 王广春, 赵国群. 快速成形与快速模具制造技术及其应用[M]. 北京：机械工业出版社, 2008.

[65] 刘光富. 快速成形与快速制模技术[M]. 上海：同济大学出版社, 2004.

[66] 刘伟军. 快速成形技术及应用[M]. 北京：机械工业出版社, 2005.

[67] 王学让, 杨占尧. 快速成形与快速模具制造技术[M]. 北京：清华大学出版社, 2007.

[68] 朱荻. 微机电系统与微细加工技术[M]. 哈尔滨：哈尔滨工程大学出版社, 2008.

[69] 王振龙. 微细加工技术[M]. 北京：国防工业出版社, 2005.

[70] 文秀兰, 林宋. 超精密加工技术与设备[M]. 北京：化学工业出版社, 2006.

[71] 张曙. 分散网络化制造[M]. 北京：机械工业出版社, 1999.

[72] 冯云翔. 精益生产方式[M]. 北京：企业管理出版社, 1995.

[73] 詹姆斯·沃麦克, 丹尼尔·琼斯. 丰田精益生产方式[M]. 北京：中信出版社, 2008.

[74] 肖智军, 党新民. 精益生产方式 JIT[M]. 广州：广东经济出版社, 2004.

[75] 丹尼斯. P. 霍布斯. 精益生产实践：任何规模企业实施完全宝典[M]. 北京：机械工业出版社, 2009.

[76] 李建勇. 机电一体化技术[M]. 北京：科学出版社, 2004.

[77] 李运华. 机电控制[M]. 北京：北京航空航天大学出版社, 2003.

[78] 芮延年. 机电一体化系统设计[M]. 北京：机械工业出版社, 2004.

[79] 张建民. 机电一体化系统设计[M]. 3 版. 北京：高等教育出版社, 2007.

[80] 赵松年.机电一体化数控系统设计[M].北京:机械工业出版社,1998.

[81] 袁中凡.机电一体化技术[M].北京:电子工业出版社,2006.

[82] 姜培刚.机电一体化系统设计[M].北京:机械工业出版社,2008.

[83] 赵松年,张奇鹏.机电一体化系统设计[M].北京:机械工业出版社,2006.

[84] 张建民.机电一体化原理与应用[M].北京:国防工业出版社,2009.

[85] 卢金鼎.机电一体化技术[M].北京:中国轻工业出版社,2007.

[86] NITAIGOUR PREMCHAND MAHALIK.机电一体:原理·概念·应用[M].北京:科学出版社,2008.

[87] 魏天路.机电一体化系统设计[M].北京:机械工业出版社,2006.

[88] 黄筱调,赵松年.机电一体化技术基础及应用[M].北京:机械工业出版社,2003.

[89] 张瑜.机电一体化技术[M].北京:机械工业出版社,1987.

[90] 徐航,徐九南,熊威.机电一体化技术基础[M].北京:北京理工大学出版社,2010.

[91] 李成华,杨世凤,袁洪印.机电一体化技术[M].北京:中国农业大学出版社,2001.

[92] 刘勇军.机电一体化技术[M].西安:西北工业大学出版社,2009.

[93] 罗伯特 H.毕夏普.机电一体化导论[M].北京:机械工业出版社,2009.

[94] 刘昶.微机电系统基础(英文版)[M].2 版.北京:机械工业出版社,2011.

[95] 雷茨.RF MEMS 理论设计技术[M].南京:东南大学出版社,2005.

[96] 田文超.微机电系统(MEMS)原理、设计和分析[M].西安:西安电子科技大学出版社,2009.

# 附录　常用名词术语英汉对照表

机械　machine

机械工程　mechanical engineering

机构　mechanism

四杆机构　four-bar mechanism

齿轮　gear

齿轮加工　gear cutting

机械设计及理论　mechanical design and theory

机械制造及自动化　mechanical manufacturing and automation

机械电子工程　mechatronic engineering

车辆工程　vehicle engineering

计算机辅助设计　computer aided design (CAD)

计算机辅助制造　computer aided manufacturing (CAM)

柔性制造系统　flexible manufacturing systems (FMS)

计算机集成制造系统　computer integrated manufacturing system (CIMS)

零件　component

部件　part

机床　machine tool

刀具　cutter

螺钉　screw

螺纹　thread

螺栓　bolt

螺母　nut

轴　shaft

销　pin

滚动轴承　rolling bearing

滑动轴承　sliding bearing

弹簧　spring

制动器　brake

联轴器　coupling

链　chain

皮带　strap

变速箱　gearbox casing

套筒　sleeve

铣床　milling machine

钻床　drill machaine

镗床　boring machine

直齿圆柱齿轮　straight spur gear

斜齿圆柱齿轮　helical-spur gear

直齿锥齿轮　straight bevel gear

齿轮齿条　pinion and rack

蜗轮蜗杆　worm and gear

曲柄　crank

摇杆　rocker

凸轮　cam

轴承　bearing

减速器　retarder

离合器　clutch

垫圈　washer

垫片　gasket

电机转子　motor rotor

数控铣床　CNC milling machine

加工中心　machining center

力学　mechanics

理论力学　theoretical mechanics

材料力学　mechanics of materials

流体力学　fluid mechanics

振动力学　vibration mechanics

静力学　static

平衡　balance

摩擦　friction

运动学　kinematics

轨迹　trajectory

速度　velocity

加速度　acceleration

动力学　dynamic

强度　strength

刚度　stiffness

稳定性　stable

拉伸　tensile

压缩　consolidation

剪切　shear

扭转　twist

应力　stress

变形　deformation

失效　invalidation

载荷　load

安全系数　factor of safety

可靠性　reliability

主轴　main axle

主轴箱　spindle box

车刀　lathe tool

车床　lathe

钻削　drilling

车削　turning

磨床　grinding machine

锻　forging

焊　welding

交变应力　alternating stress

疲劳破坏　fatigue damage

冷作硬化　cold hardening

机械振动　mechanical vibration

机械设计　machine design

创新设计　innovative design

优化设计　optimal design

有限元　finite element

可靠性设计　reliability design

反求工程设计　reverse engineering design

绿色设计　green design

概念设计　conceptual design

虚拟设计　virtual design

模块化设计　building block design

工程材料　engineering materials

热处理　heat treatment

退火　annealing

正火　normalizing

金属材料　metal material

黑色金属　ferrous metal

碳素钢　carbon steel

合金钢　alloy steel

铸铁　cast-iron

有色金属　nonferrous metal

铝合金　aluminium alloy

铜合金　copper alloy

钛合金　titanium alloy

非金属材料　nonmetallic material

工程塑料　engineering plastic

合成橡胶　synthetic rubber

复合材料　composite material

智能材料　smart material

陶瓷材料　ceramic material

先进制造　advanced manufacture

高速切削　high-speed cutting(HSC)

绿色制造　green manufacturing

超精密加工　ultra-precision machining

快速原型制造　rapid prototyping manufacturing(RPM)

激光加工　laser processing

制造自动化　manufacturing automation

柔性制造　flexible manufacturing

精益生产　lean manufacturing

网络化制造　networked manufacturing

机电一体化　mechanical and electrical integration

自动控制　automatic control

传感技术　sensor technology

检测技术　measurement technique

伺服电机　actuating motor

步进电机　stepper motor

异步电机　asynchronous motor

机器人　robot

单片机　single chip microcomputer (SCM)

单板机　single board computer (SBC)

数字信号处理器　digital signal processor(DSP)

微机电系统　micro-electro-mechanical systems(MEMS)